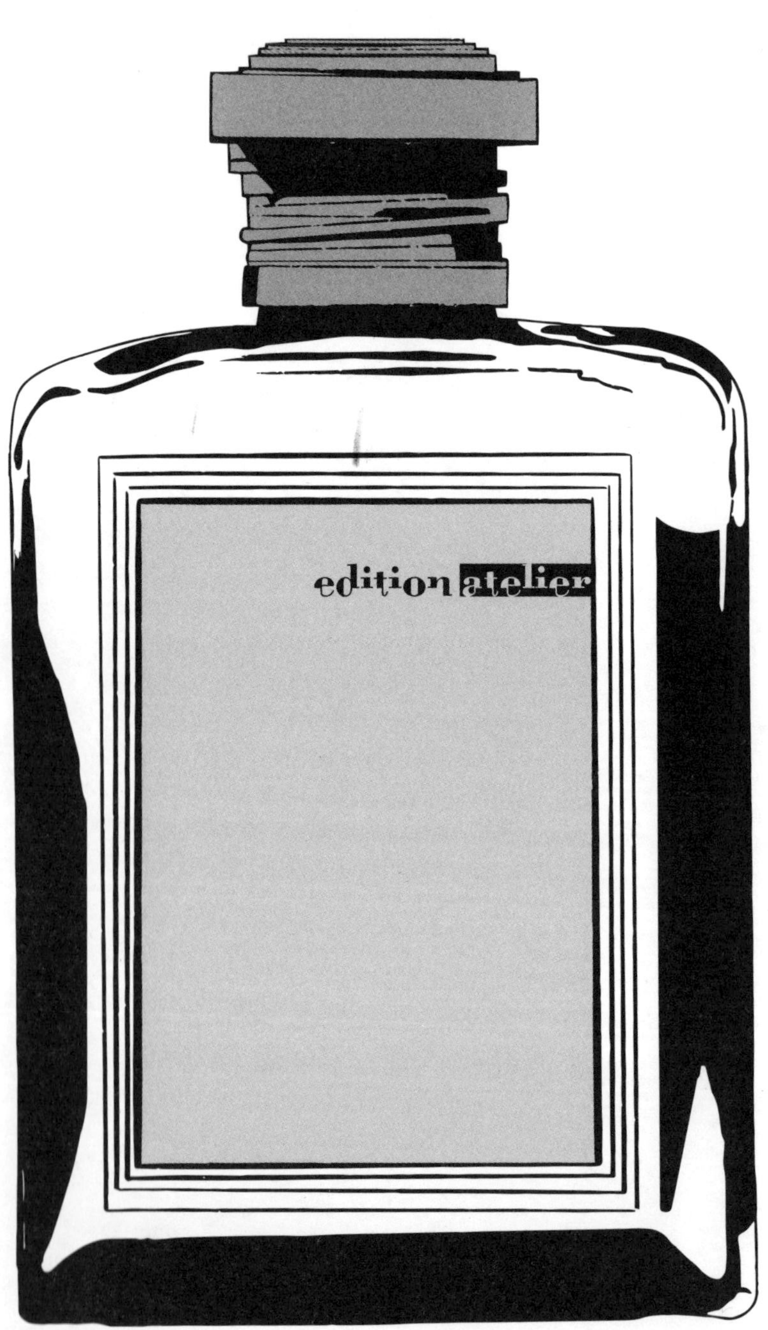
edition atelier

EDITION ATELIER WIEN

INHALT

Das Medium des Parfums ist die Zeit.

Mădălina Diaconu

VORWORT
Düfte sind wie Tagebücher

Wir leben in einer vom Visuellen durchdrungenen Kultur, dem Akustischen widmen wir bei Weitem weniger Aufmerksamkeit, geht es aber ums Riechen, so fehlen uns oft Achtsamkeit, Bewusstsein und die richtigen Worte. – Der Geruchssinn ist ein *nachgereihter Sinn.*

In den Nischen einer Dingwelt des Benannten aber – alles und jedes lernen wir sukzessive mit einem Namen zu belegen –, in den Oasen der Sprachlosigkeit führt Duft ein anarchisch-poetisches Eigenleben. Jenseits des völligen Erfassens durch Begriffe und der Gewichtung des Benennbaren entfaltet sich seine Wirkkraft in einem olfaktorischen Ausdruck reiner Gegenwart, als »Erinnerung aus der Tiefe der Zeit« (Doderer), als »Atemzug des Unbegrenzten« (Baudelaire).

Düfte verzaubern uns bereits als Kinder. Wir sind begeistert vom Riechen, von den sogenannten Wohlgerüchen wie auch von sinnlich-körperlichen, zumeist *animalisch* genannten Aromen.

Die Anwendung von Essenzen, das Räuchern mit Kräutern und Harzen nimmt in der Menschheitsgeschichte in unterschiedlichsten Zivilisationen und Religionen seit jeher einen ganz besonderen Stellenwert ein. Auf die Verwendung von Räucherstoffen in der griechisch-römischen Antike und der abendländischen Kultur verweist auch der Ursprung des Wortes Parfum, das auf das Lateinische *per fumum,* »durch Rauch, durch Dunst«, zurückgeht. Die Herstellung von duftenden Essenzen ist seit dem Altertum in den verschiedensten Kulturen überliefert.

Duftkreationen[1] können als molekulare Kunstwerke gesehen werden. Sie verfügen über eine ganz besondere Ausstrahlungskraft; dem duftenden Menschen wurde früh schon etwas sehr Anziehendes, Begehrenswertes zugesprochen.

Düfte sind wie Tagebücher, wie olfaktorische Briefe an die Liebsten, an Freunde, Mitmenschen, Zeitgenossen. Randvoll mit persönlicher Geschichte erzählen sie von Sehnsüchten, Begierden und Hoffnungen, in ihnen kommen Selbstdarstellung und Persönlichkeitsinszenierungen zum Ausdruck. Sie prägen das Vergangene, sind mit Erinnerungen verknüpft. (Jedem sein ganz persönlicher *Proust-Effekt.*) Ihre Form, ihr Stil, ihr Geist spiegeln die Zeichen der Zeit, die (sozio-)kulturellen Vorstellungen.

Was Nietzsche einst für Auge und Ohr feststellte, gilt heute noch, und das in hohem Maße auch für unsere Nasen: In der Hast des Alltags geht das Gefühl für die Form selber verloren, für *die Melodie der Bewegungen der Moleküle.*

Wir denken mit der Uhr in der Hand, sind stets am Tun. Während wir parallel beschäftigt sind, kommunizieren wir mit der Welt, immer auf dem Sprung; allerorts *distracted.*

Das Fehlen der Zeit erfährt seinen Ausdruck in der *plumpen Deutlichkeit.* Diese ist auch auf dem Gebiet des Parfums zu beobachten. Allzu Vordergründiges, geradlinig Aufdringliches, wenig Komplexes füllt die Regale; Konsensware bestimmt den Markt.

Man habe »keine Zeit und keine Kraft mehr für die Zeremonien, für die Verbindlichkeit mit Umwegen, für allen Esprit der Unterhaltung und überhaupt für alles ›Otium‹«, bemerkte Nietzsche.

Die Muße des Riechens, die Entwicklung, das Verströmen- und Verstreichenlassen eines Duftes, die Wahrnehmung seiner Entfaltung in der Zeit, seine Verschränkung mit persönlichem Erleben: All dies schreibt sich in die vorliegenden Erinnerungen an fünf klassische Herrendüfte ein, die hinsichtlich der Evokation der *Idee von Maskulinität,* der Suggestion von »gelebter Männlichkeit« – als Abenteurer und / oder Gentleman – in den späten 1970er-, 1980er- und 1990er-Jahren Spuren hinterlassen haben. Gemeinsam ist den Eaux de Toilette, dass sie heute nicht mehr produziert werden; eines – Roger & Gallet *L'Homme* – ist in einer aktualisierten Version erhältlich, andere gibt es noch vereinzelt als Vintage-Parfums.

Der Freude, dem Staunen angesichts eines Phänomens, das zur Ästhetisierung des Alltags beiträgt, ihn sinnlich zu verzaubern vermag, unsere Wahrnehmung prägt und vergessen Geglaubtes, längst Verschüttetes auf wundersame Art und Weise wieder lebendig werden lässt, uns von jungen Jahren bis ins hohe Alter begleiten und die Welt verändert wahrnehmen lassen kann, sind auch die vertiefenden Betrachtungen in den Zwischenkapiteln, den sogenannten »Intermezzi«, gewidmet. Sie bieten Einblick in die Kulturhistorie des Schreibens über Parfum, setzen sich mit Kindheitseindrücken und der Zeichenhaftigkeit von Duft und seiner Flüchtigkeit auseinander, befassen sich mit der (Werbe-) Figur des parfümierten Mannes, mit Maskulinität und Parfumgeschichte (»Parfum hat kein Geschlecht.«) und beantworten die Frage danach, was ein *wohlkomponierter Duft*/ein *schönes Parfum* ist.

Das letzte Kapitel lädt mit einer exklusiven Parfum-Chronologie zur Entdeckung und Wiederentdeckung ausgewählter Düfte des ausgehenden 19. und des 20. Jahrhunderts sowie zum Kennenlernen zeitgenössischer Kreationen ein. Viele davon haben für Furore gesorgt und Parfumgeschichte geschrieben, andere wiederum sind in Vergessenheit geraten oder unbekannte Preziosen geblieben. – Die Annäherung mittels Wörtern kann nur stellvertretend erfolgen, die Lektüre des jeweiligen Dufts bleibt eine von vielen möglichen olfaktorischen Lesarten.

Ein Rest bleibt immer. Und dieser ist geprägt von persönlichen Erfahrungen, Erinnerungen und Emotionen.

Was Roland Barthes in Bezug auf Musik feststellt, trifft auch auf Duft zu: Im Unausgesprochenen »setzt sich die Lust fest, die Zärtlichkeit, die Feinfühligkeit, die Erfüllung, sämtliche Werte der feinfühligsten Phantasie«.

Vielleicht liegt ja auch der Wert des Duftes darin: *eine gute Metapher zu sein.*

Resonanz & Reflexion

Schreiben über Parfum

Parfums erzählen viel von der Zeit, der sie entstammen. Ihre flüchtigen Moleküle liefern olfaktorische Indizien des einst Zur-Essenz-Gewordenen. Düfte schreiben sich ein in eine größere Narration, eine Geschichte kulturell bedingter Vorlieben und Abneigungen, des Geschmacks wie auch der Geschmacklosigkeit.

Der Markt ist heute unübersichtlich geworden. – Es gibt einfach zu viele Parfums. Und die Halbwertszeiten neuer Releases werden immer kürzer.

Die Colognisierung der Welt schreitet voran.

Parfums sind heute Fast-Fashion-Accessoires. Sie werden in der nächsten Saison schon wieder von neuesten Trends abgelöst. Die aktuell festzustellende Kurzlebigkeit, das Auftauchen und rasche Wiederverschwinden neuer Produkte sowie die oftmals auch unternehmensintern fehlende Kommunikation verblüfft selbst langjährig in der Branche tätige Professionalisten. Um- und Neuformulierungen, marktspezifische Distributionsentscheidungen, künstliche Verknappung und ungewünschte Lieferengpässe sowie unvermittelte Diskontinuitäten und Übernahmen von alteingesessenen Firmen durch Investorengruppen und große Konzerne stehen an der Tagesordnung.

Und selbst altbewährten Klassikern ist die Zukunft nicht gewiss.

Die kulturhistorische, philosophische, essayistische und phänomenologische Auseinandersetzung mit Duft, seiner Wahrnehmung und dem Phänomen *Parfum* im Speziellen hat seit Mitte des 19. Jahrhunderts zunehmend Bedeutung erfahren.

So hat der in Frankreich geborene Brite Eugène Rimmel mit dem klassischen Werk *Magie der Düfte* (*The Book of Perfumes*) bereits 1865 eine Kulturgeschichte des Parfums vorgelegt, Alain Corbin mit *Pesthauch und Blütenduft. Eine Geschichte des Geruchs* (1982) gleichsam die historischen Grundlagen zu Patrick Süskinds Welterfolg *Das Parfum* (1985) geliefert, und der französische Philologe Paul Faure sich – unter anderen – in *Magie der Düfte* (1991; auf Französisch erschienen als *Parfums et aromates de l'Antiquité*, 1987) mit der Historie der Odorifizierung auseinandergesetzt.

Auch die auf Geruch und Duft spezialisierte Anthropologin und Philosophin Annick Le Guérer hat sich mit ihren Bänden *Die Macht der Gerüche. Eine Philosophie der Nase* (1992), *Les Pouvoirs de l'odeur* (2002) und *Le parfum. Des origines à nos jours* (2005) der Beschreibung der Entwicklung der Riechkultur angenommen. Michel Onfray befasste sich in *L'art de jouir. Pour un matérialisme hédoniste* (1991)[2] analytisch-reflexiv mit der olfaktorischen Lust und der Lustfeindlichkeit der Philosophen durch die Jahrhunderte.

Mit dem »Verdacht gegen den Geruchssinn« und den Nasen der Philosophen sowie der Geruchswahrnehmung im Allgemeinen hat sich im deutschsprachigen Bereich unter anderen Mădălina Diaconu in *Tasten, Riechen, Schmecken: eine Ästhetik der anästhesierten Sinne* (2005) auseinandergesetzt, einem phänomenologisch-ästhetischen Plädoyer für die erweiterte Sinneswahrnehmung.

Parfumeur*innen machen Kunst, Künstler*innen arbeiten mit Geruch, mit Aromen, mit Duft.

Die promovierte Kunstdidaktikerin und Kommunikationsdesignerin Dorothée King trägt diesem Umstand Rechnung und widmete sich in ihrer 2016 publizierten Arbeit *Kunst riechen: Duftproben zur Vermittlung olfaktorisch bildender Werke* Fragen der Rezeption und möglichen Vermittlungsansätzen von geruchsbasierenden Kunstwerken von Marcel Duchamps bis Olafur Eliasson, Sissel Tolaas und Karla Black.

Einen frühen Einblick in seine Arbeit mit natürlichen wie synthetischen Duftmischungen gab der englische Chemiker und Parfumeur George William Septimus Piesse mit *The Art of Perfumery* (1857). Septimus Piesse ist auch der Begründer der Parfum-Nomenklatur, die auf Unterscheidung in Kopf-, Herz- und Basisnoten setzt.

Der deutsche Riechstoffforscher Günther Ohloff hat mit *Irdische Düfte – Himmlische Lust. Eine Kulturgeschichte der Duftstoffe* (1992) eine populäre Einführung samt historischem Abriss der kulturellen Verwendung von Duftstoffen vorgelegt. Dem Geruchsforscher Hanns Hatt und der Wissenschaftsjournalistin Regine Dee ist mit *Niemand riecht so gut wie du. Die geheimen Botschaften der Düfte* (2010, zuerst erschienen unter dem Titel: *Das Maiglöckchen-Phänomen. Alles über das Riechen und wie es unser Leben bestimmt*, 2008) eingängig-informative Aufbereitung von Grundlagenforschung gelungen.

Auch Piet Vroon, Anton van Amerongen und Hans de Vries geben mit *Psychologie der Düfte. Wie Gerüche uns beeinflussen und verführen* (1996) Einblick in die Kulturgeschichte des Riechens, Besonderheiten der Geruchswahrnehmung und in die Psychologie von Düften.

Interessierten sei auch vertiefende Literatur zur Welt der Moleküle nahelegt, wie sie in substanziellen Standardwerken von in der Riechstoffbranche tätigen Forschern publiziert worden sind, etwa: *The H&R Book of Perfume* von Julia Müller (1984) oder Günther Ohloffs (Firmenich) 1990 bei Springer veröffentlichter Band *Riechstoffe und Geruchssinn. Die molekulare Welt der Düfte* (Die überarbeitete Neuauflage erschien 2011 unter Federführung von Philip Kraft (Givaudan) und Wilhelm Pickenhagen (Symrise) unter dem Titel *Scent and Chemistry. The Molecular World of Odors*).

Peter M. Müller und Dietmar Lamparsky (Givaudan) haben Anfang der 1990er-Jahre den Sammelband *Perfumes. Art, Science and Technology* (1994) editiert, in dem auch der legendäre Parfumeur Edmond Roudnitska zu Wort kommt (»The Art of Perfumery«).

Eine Publikation, die sich auf über 600 Seiten mit Parfum und Life Sciences, Messbarkeit und Klassifikation von Gerüchen, Kompositionstechniken, Parfumproduktion und Parfum-Research hinsichtlich natürlichen und synthetischen Produkten befasst.

Auch Wolfgang Legrums in der Reihe Studienbücher der Chemie erschienener Band *Riechstoffe, zwischen Gestank und Duft. Vorkommen, Eigenschaften und Anwendungen von Riechstoffen und deren Gemischen* (2011) empfiehlt sich als fachliche Einführung beziehungsweise Nachschlagewerk zum Thema Riechstoffe, samt Überblick über die großen Hersteller von Aromen und Riechstoffen: Givaudan, Firmenich, IFF – International Flavors & Fragrances, Symrise und Takasago, ihre Historie, Entwicklungen, geschützte Substanzen, Duft- und Aromastoffe.

Da die offizielle Ausbildung zum Parfumeur üblicherweise lediglich im Rahmen der zu großen Aroma- und Riechstoffkonzernen gehörenden Forschungsstätten stattfindet, hat sich der langjährig in der Parfum- und Kosmetikbranche tätige Brite Stephen V. Dowthwaite (Perfumers World, Bangkok) ganz der unabhängigen Vermittlung des Know-hows des Parfumeurs verschrieben. Er bringt internationalen Interessent*innen in Lectures und Workshops das Lesen von Riechstoffen und Parfums mittels seines »ABC's of Perfumery« bei.[3]

Der Historiker und Parfumexperte Michael Edwards gibt seit 1984 den Branchenführer *Fragrances of the World* (ursprünglich: *The Fragrance Manual*) heraus, in dem er die Parfumklassifizierung von Duftneuerscheinungen unternimmt.[4] Edwards hat das sogenannte *Fragrance Wheel*, das *Duftrad*, als Trademark eingeführt, mittels dessen detailliert in *florale, orientale, holzige, frische* Noten unterschieden wird und das die Zuordnung in einzelne Duftfamilien ermöglicht.

Dem expliziten Schreiben über Parfum, dessen Interesse traditionell den Damenparfums galt, sowie der Parfumkritik kommt seit den 2000er-Jahren zunehmend größere Aufmerksamkeit zu. Vorreiter waren diesbezüglich Luca Turin (NZZ: Kolumne »Duftnote«, 2003–2010) und Chandler Burr, später Kurator für »Olfactory Art« am Museum of Arts and Design, NY, der als erster regulärer Parfumkritiker in der *New York Times* ab 2006 mit seinen »Scent Notes« für die Lesart der Parfumerie als Kunstform und des einzelnen Parfums, des *Juices* – wohlgemerkt: nicht des Flakons – als Kunstwerk eingetreten ist. Burr hat mit *The Emperor of Scent. A Story of Perfume, Obsession and the Last Mystery of the Senses,* Arrow (2004) Luca Turin ein Porträt gewidmet.

In *The Perfect Scent: A Year Inside the Perfume Industry in Paris and New York* (2009) beschrieb er prosaisch die Entstehungsgeschichte zweier Parfums von der Konzeption bis zur Markteinführung. (*Un jardin sur le Nil,* Jean-Claude Ellena für Hermès und *Lovely Sarah Jessica Parker,* Laurent Le Guernec und Clément Gavarry (IFF) für Coty.)

Rabea Weihser schreibt in *Die Zeit* seit 2012 auch über Parfum (»Duftnoten«). Sie geht Erscheinungsformen von Duft nach, sucht neugierig Antworten auf olfaktorische Fragen des Alltags, die andere nicht im Fokus der Aufmerksamkeit haben bzw. voreilig als »zu banal« abstempeln würden, und tritt versiert dafür ein, Parfum als Kunst zu verstehen.[5]

Luca Turin, Biophysiker und Autor, hat mit *The Secret of Scent. Adventures in Perfume and the Science of Smell* (2007) einen poppig-naturwissenschaftlichen Blick auf die Welt des Duftes geworfen und sich gemeinsam mit seiner Partnerin, der Autorin Tania Sanchez, mit den essenziellen Bänden *Perfumes. The A-Z Guide* (2008) und dem Update *Perfumes. The Guide 2018* der dezidierten Parfumkritik angenommen. Fundiert, pointiert, mitunter launig haben die beiden einen wesentlichen Beitrag zum Denken und Schreiben über Parfum, seine Geschichte und Rezeption und zur olfaktorisch-ästhetischen Bewusstseinsbildung geleistet.

Auf einschlägigen Plattformen, Blogs und YouTube-Kanälen werden die Zugänge und die Sprache von Turin und Sanchez gerne aufgegriffen und weitergetragen. Die Leidenschaft des Paares für

Parfums ist umfassend, die diesbezüglichen Reflexionen inklusive historischer Abrisse und interessanter Trendanalysen sind aufschlussreich und unterhaltsam, ihre subjektiven Duftbeschreibungen und -bewertungen setzen bisweilen allzu sehr auf einen vordergründigen Witz, eine harsche Wertung. An Datierungen, dem konkreten Erscheinungsjahr eines Parfums und der Erfassung von Parfumeur*innen oder von hinter den Produkten stehenden Firmen / Konzernen haben die beiden dezidiert kein Interesse.

Ganz anders ein heute zu Unrecht in Vergessenheit geratener Vorreiter in der Auseinandersetzung mit der zeitgenössischen Parfumerie: Der Brite Nigel Groom, der als ehemaliger MI5-Mitarbeiter die arabische Welt näher kennengelernt hatte, befasste sich zunächst 1981 in *Frankincense and Myrrh. A Study of the Arabian Incense Trade* mit der Historie des Handels mit Weihrauch und Myrrhe.

Groom war es auch, der im Jahr 1992 das heute vergriffene *The Perfume Handbook* publizierte und fünf Jahre darauf mit der erweiterten, umfassenderen Edition *The New Perfume Handbook* mehr als eine alphabetische Bestandsaufnahme der Parfumbranche vorlegte: ein systematisches Mapping der zeitgenössischen Parfumlandschaft.

Geprägt von seiner Profession beleuchtete er als Experte auf dem Gebiet der Informationsbeschaffung Hintergründe, Marktmechanismen und verborgene Zusammenhänge und stellte in seinem »Referenzhandbuch«, wie er es nannte, bereits 1997 hellsichtig fest:

»Very few perfume houses now belong to their original owners. Conversely, many new perfume houses using the name of a designer or other personality have been set up by big business, which has paid to use that personality's name. Very little is now quite as it seems!«[6]

Nigel Grooms öffentlichkeitswirksamstes Buch war *Parfum. Von Chanel №5 bis Trésor* (2000) – zuerst auf Englisch erschienen unter dem Titel: *The Perfume Companion. A Connoisseur's Guide* (1999) –, in dem er die Geschichte des Parfums beleuchtet, Spitzenparfumeure und Hersteller sowie Flakon-Designer gelistet und ein reichhaltig bebildertes Damenparfumverzeichnis samt Beschreibungen erstellt hat.

Mit Vintage Parfum und Parfumwerbung hat sich die Bloggerin (*Yesterday's Perfume*), Autorin und nunmehrige Parfumproduzentin (*Eris Parfums*) Barbara Herman in ihrem Band *Scent and Subversion. Decoding A Century of Provocative Perfume* (2013) befasst.

Auch Parfumeure haben die Welt der Düfte und ihre eigene Tätigkeit (kritisch) kommentiert. Allen voran der bereits erwähnte Edmond Roudnitska (u. a. kreierte er *Eau d'Hermès* 1951, *Eau Sauvage* 1966), der in Essays, Vorträgen und Publikationen schon seit den 1930er-Jahren Probleme der Parfumindustrie angesprochen und beispielweise angesichts der Logik des Massenmarktes vor einem Verlust der (ästhetischen) Qualität gewarnt und dafür plädiert hat, sich für die Kreation eines wirklich neues Parfums Zeit zu nehmen.[7]

Jean-Claude Ellena, ausgebildet bei Givaudan, dann bei Haarmann & Reimer, dem heutigen Symrise, später lange Jahre Hausparfumeur bei Hermès, reflektiert in seinen sehr persönlichen und aufschlussreichen Büchern (u. a. *Parfum. Ein Führer durch die Welt der Düfte* (2012; auf Französisch erschienen als *Le parfum*, 2007) und *Der geträumte Duft. Aus dem Leben eines Parfümeurs*, 2012; Originaltitel: *Journal d'un parfumeur*, 2011) sein Metier, die Branche, und gibt selbstkritische Einblicke in seinen persönlichen Zugang und die Rahmenbedingungen der Industrie.

Ellena ist es auch, der darauf hinweist, dass die olfaktorische Impression vielfältig ist und sich die Duftmoleküle mit der Zeit verflüchtigen, und zwar in unterschiedlicher Geschwindigkeit. Woraus sich der weithin kolportierte / tradierte Irrtum ergebe, demnach ein Parfum aus Kopf-, Herz- und Basisnote aufgebaut sei. – Ein mechanistischer, in Einzelteile zerlegender Ansatz, der als PR-Tool hartnäckig das Konsumverhalten prägt.

Ellena legt überdies auch die Unterscheidung aufgrund der Form in *barocke, klassische, abstrakte, skulpturale, narrative* und *minimalistische* Parfums nahe.[8]

Basically, things aren't ever really just things: they're (in every sense of the word) artefacts of our lives, past and present, intrinsically entangled with who we are and, often, who we want to be.[9]

Jessie Garland

TED LAPIDUS
Pour Homme [1978]

[ALDEHYDE, BERGAMOTTE, KORIANDER, THYMIAN, ZITRONE, JASMIN, FICHTE, LEDER, GEWÜRZNELKE, PATSCHULI, VETIVER, BIBERGEIL, LABDANUM, MOSCHUS, MOOS, WEIHRAUCH]

Ted Lapidus – Pour Homme, das war der Duft deines Vaters, bevor er die Familie verlassen hat, im Frühsommer 1979.

Der Hinweis deiner Mutter am Morgen seines Abschieds lautete lapidar: »Nimm nicht so viel davon, es macht dich auch nicht jünger ...«

Du liebtest diesen Duft, fandest ihn chic, sehr elegant, mochtest ihn auf der Haut deines Vaters.

Du siehst die Muttermale auf seinem Oberkörper, riechst die *Duschdas*-Frische im Bad. Und dann wird auch schon der braune Stoffvorhang zur Seite geschoben, und der nackte Vater, der sich um die Körpermitte ein Frotteehandtuch bindet, stapft mit nassen Schritten morgenfrisch zum Ankleideraum: rein ins Hemd, die Hose, das Sakko.

Dann folgt die obligate Beduftung.

Düfte sind nie neutral, immer emotional und werden stets subjektiv bewertet.[10]
Hanns Hatt / Regine Dee

Neben Leder und Holz hat vor allem die Rauchigkeit seinen Charakter geprägt. Er wusste, wer er war, was er wollte.

Wie jede ausgewogene Komposition musste der Duft seine Kraft nicht unter Beweis stellen. Er nahm sich Zeit, den Raum, setzte virile Marker, hinterließ eine aromatisch facettenreiche Spur. (Und erinnerte ganz nebenbei daran, was einst unter »herber Maskulinität« verstanden wurde.)

Pinienwälder, ein Lagerfeuer, Rauch; Evernia prunastri.

Du hast den frisch-holzigen, ledrig-würzigen Duft heute noch in der Nase. Leider war dann irgendwann Mitte der 1980er-Jahre der letzte in eurem Badezimmerschrank verbliebene Flakon leer, da hatte die Firma die Produktion freilich schon längst eingestellt.

Was dir als Geruchserinnerung noch blieb, war eine halb volle Tüte *Amphora*-Pfeifentabak, die du in einer Geldschatulle im unteren Fach verstaut hattest. Bisweilen nahmst du diesen Schatz heraus, um einen kräftigen Atemzug von der fruchtig-schokoladeartigen Mischung, in der auch ein Hauch Vanille auszumachen war, zu nehmen und den typischen Geruch, der deinen Vater umgeben hatte, einzuatmen.

Ted Lapidus und *Amphora*: Das war die Präsenz deines Vaters in seiner Abwesenheit.

Und auch wenn es vielleicht niemals wirklich so war, so strahlte die Hochzeit der vertrauten Tabaknoten für dich eine zuvor nie gekannte Wärme aus, eine Wärme, die für die Idee einer glücklichen Familie stand, ein Zuhause in Geborgenheit.

Parfum ist wie die Liebe.
Ein bisschen ist nie genug.
Estée Lauder

Über einen spanischen Onlinehändler ist es dir neulich gelungen, ein Originalexemplar von *TED* zu erstehen. Der Duft ist heute noch, trotz seines Alters, perfekt erhalten. Edel, frisch-holzig, leicht und gleichermaßen präsent, klar definiert und doch offen für Geheimnisse, ist er perfekt für jeden Tag.

TED öffnet mit einem frisch-holzigen Fanfaren-Crescendo mit seifigen Barbershop-Noten, da ist Benzoin, sind edle Hölzer, Lavendel, echtes Eichenmoos und Bibergeil, und geht dann in sanfte, rauchig-ledrige Jazztöne über.

Der Duft ist Improvisationen in der Zeit, ein Spiel mit Konvention und Innovation.

~

Um möglichen Missverständnissen vorzubeugen: Das Original, von dem hier die Rede ist, hieß *Ted Lapidus – Pour Homme.* Es stammt aus einer Zeit, in der die Duftkreationen schlicht den Namen eines Parfum- oder Modehauses trugen, ergänzt um das die Geschlechterdichotomie untermauernde Suffix *pour Homme* oder *pour Femme.*

Weiters gibt es den etwas später erschienenen, süßlich-berüchtigten *Lapidus pour Homme* sowie eine 1999er-Neuauflage, abermals unter demselben Namen, allerdings mit völlig anderer Komposition.

Außerdem wird heute das holzig-orientalische *Altamir* (2007) angeboten.

Bei dem Original *Ted Lapidus – Pour Homme* (1978) handelt es sich um einen ebenso edlen wie umschwärmenden Klassiker. Als Konkretisierung eines Lederfonds der alten Schule war er Idee und Empfindung gleichermaßen, transportierte Intellekt wie Sinnlichkeit.

Ted Lapidus' erster Herrenduft aus dem Jahre 1978 ist vielleicht einer der besten Lederdüfte überhaupt. Zeitgleich mit *Vu* für die Dame erschienen (der übrigens auch für den Herrn bestens geeignet war), teilte er mit eben jenem das Flakon, jedoch kam *TED* in braunem Glas mit cremefarbenem Schriftzug. On top saß ein eher wenig wertiger Verschluss aus leichtem Kunststoff, dessen bräunlich-dunkelrote Farbgebung auch vom Umkarton aufgenommen wurde.

Der Duft begann mit einer aldehydig-frischen Notengebung (Koriander, Bergamotte, Thymian), einem exotisch-frischen Touch, gefolgt vom selbstverständlichen, typisch würzig-holzigen Ton, der für die Herrenparfums der späten 1970er-Jahre prägend war.

Nach dem spritzigen Auftakt zeigte *TED*, was tatsächlich in ihm steckte, er offenbarte seine wahre, wilde, seine – wenn man so möchte – maskuline, seine wohltemperierte paternale Seite, einen Lederakkord, wie man ihn heute bei Nischenproduzenten wiederfindet, etwa bei *État Libre d'Orange* (Etienne de Swardt) oder *Nasomatto* (Alessandro Gualtieri).

> It is not possible for a man to be elegant
> without a touch of femininity.
> Vivienne Westwood

Einen direkten Vergleich könnte man auch zum Klassiker *Knize Ten* (1924) wagen, jedoch war die Ledernote bei *TED* nicht so süßlich wie die des einst in Wien, Bad Gastein, Paris und New York residierenden Wiener Herrenausstatters. (Das heute noch verbliebene Stammhaus in Wien besitzt im Übrigen an all seinen Düften keinerlei Rechte mehr.)

TED erinnerte in seiner Harzigkeit und den typischen Birkenteer-Noten eher an gegerbtes Wildleder; auch fehlte ihm die tiefe, langlebige Pudrigkeit der legendären Komposition von François Coty und Vincent Roubert.

Die warm-moosige Basis von *TED* – »L'odeur du succès«, wie die Annoncen damals verkündeten (nicht etwa von *Duft,* nein von *Geruch* ist im französischen Original die Rede!) – hielt lange an, und es war nicht zuletzt die entschiedene Beigabe von Moschus und Bibergeil, die animalisch-erotische Verruchtheit vermittelte.

Was auch immer kommen mochte: Das Unbekannte lockte. – Was sollte schon groß passieren, die Welt stellte ein einziges Abenteuer dar.

Der Duft schuf ein Zuhause unterwegs, spendete wohlige Geborgenheit in der Diaspora, verstand sich auf die Kreation lebensbejahender Eleganz.

> **Der Duft ist ein Wort, das Parfum ist die Literatur.**
> Jean-Claude Ellena

Derb, verwegen, rauchig und doch ein Cologne für einen *Mann von Welt*: In *TED* spiegelt sich die Schönheit von romantischen Naturerfahrungen und Idealen wider: tiefer Wald, dunkle Erdigkeit, Urgewalten, hoffnungsvolle Ideen und rau-würzige Traumgespinste.

Ein Duft aus vergangenen Tagen, die noch von traditionellen Geschlechterrollen geprägt waren; einer Zeit, in welcher der Marlboro-Cowboy noch rauchend durch die Prärie ritt und die verheiratete Frau für den Haushalt verantwortlich war.

Die Geschlechterbilder begannen sich allmählich zu wandeln, deine Eltern ließen sich scheiden, deine Mutter trat wieder eigenverantwortlich ins Berufsleben ein. Und du tröstetest dich mit Roger & Gallet.

Ein Duft muss die besten Augenblicke
des Lebens wieder wachrufen.
Karl Lagerfeld

Es läuft eine Kassette im Kinderzimmer, durch die orange-geblümten Vorhänge fällt warmes Licht; Georges Brassens und Patachou singen:

Maman, papa, en faisant cette chanson,
Maman, papa, je r'deviens petit garçon,
Et, grâce à cet artifice,
Soudain je comprends
Le prix de vos sacrifices,
Mes parents.

Maman, papa, toujours je regretterai,
Maman, papa, de vous avoir fait pleurer
Au temps où nos cœurs ne se comprenaient encore pas,
Maman, papa, maman, papa ...

Du kennst eine stille Trauer, die nach *TED Pour Homme* duftet.

Dein Vater hatte sich in eine junge Französin verliebt und war mit ihr in eine alte Villa am Stadtrand von Paris gezogen.

Monique war es auch, die dir fortan regelmäßig Duftgeschenke zukommen ließ. Monatlich erreichten dich Pakete mit ausgewählten Eaux de Toilette; die Palette reichte von Klassikern bis zu aktuellsten Neuerscheinungen.

Nur wenige Flakons bedeuteten dir etwas, selten ließ ein Duft in dir etwas anklingen, berührte dich auf besondere Weise.

An die meisten der Gaben des schlechten Gewissens der Frau, die bald darauf auch deine Stiefmutter wurde, erinnerst du dich heute gar nicht mehr.

Hinter einer Duftwolke aus Vergessen zeichnen sich heute noch die frisch-würzigen, bisweilen holzigen Schemen von *Azzaro Pour*

Homme (Parfums Loris Azzaro, 1978) – das Original, nicht die Reformulierung –, *Borsalino* (1984), *Bogner Man* (Anne Flipo, 1985), Armanis *Eau pour Homme* – ebenfalls in der Ursprungskomposition aus dem Jahr 1984 – sowie von Guccis *Nobile* (1988) ab, einem eleganten Bruder des *Davidoff*-Klassikers aus dem Jahr 1984.

Außerdem liegen da noch ein schwacher Hauch *Pour Monsieur* von Pierre Cardin (1972, im phallischen 238-Milliliter-Flakon) und *Spanisch Leder*, Eau de Toilette (Lettner & Söhne, 1964) in der Luft.

Die süßlich-aufdringlichen Schöpfungen *Lapidus pour Homme* (1987), *Free Life* (Etienne Aigner, 1987) und *Samba for Men* (Perfumer's Workshop, 1989) verstanden es nicht, dich zu überzeugen. Sie sind weniger ihrer Duftgebung wegen als vielmehr aufgrund ihrer absonderlich billig anmutenden Flakons in Erinnerungen geblieben. Stellen diese doch gleichsam Designbelege für die Tatsache dar, dass man es in den 1980ern schaffte, selbst hochwertigen Materialien wie Glas oder Keramik die billige Ästhetik von Plastik, Bodypainting und Airbrush-Verläufen zu verpassen.

Würzig-holzig, animalisch-geilen Trost könnte man heute zur Not bei *Kouros* (Pierre Bourdon für Yves Saint Laurent, 1981), *Bel Ami* (Jean-Louis Sieuzac für Hermès, 1986) oder etwa Christian Diors *Jules* (Jean Martel, 1980) finden, der Erinnerungen an *TED* zudem durch *Antaeus* (Jaques Polge & François Demachy für Chanel, 1981) oder *Patou Pour Homme* (Jean Kerléo für Jean Patou, 1980) auf die Sprünge helfen.

Letztlich aber bleibt *TED* unersetzbar. Es hat eine Lücke hinterlassen, war es doch in Stil und Komposition seiner Zeit und als klassischer Leder-Chypre den heutigen sogenannten *Neuen Chypres* um Stillängen voraus.

TED, so viel lässt sich sagen, war das wohl mit Abstand beste Cologne in der bewegten Firmengeschichte der Marke.

Ein Winterabend zu zweit, in der Hütte in den Bergen; ringsum Schnee und dunkle Nacht. In der Ferne Sterne am Firmament.

Ein paar Spritzer *TED*; eine gute Zigarre, ein alter Whisky. – Und ihr am Kamin, in dem immer noch das Feuer lodert …

> Und der Herr sprach zu Mose: Nimm dir Spezerei: Balsam, Stakte, Galbanum und reinen Weihrauch, vom einen so viel wie vom anderen, und mache Räucherwerk daraus, gemengt nach der Kunst des Salbenbereiters, gesalzen, rein, zum heiligen Gebrauch. Und du sollst es zu Pulver stoßen und sollst etwas davon vor der Lade mit dem Gesetz der Stiftshütte bringen, wo ich dir begegnen werde. Es soll euch ein Hochheiliges sein …[11]
>
> 2. Buch Mose

»L'chaim!«

(In Erinnerung an Edmond »Ted« Lapidus (1929–2008), den »Poeten der französischen Couture, der die französische Eleganz demokratisiert hat«, wie Expräsident Nicolas Sarkozy es in seinem Nachruf auf den Pariser Modeschöpfer feststellte.)

Ted Lapidus – Pour Homme (1978) wurde laut Information eines Brancheninsiders vom Schweizer Aroma- und Duftstoffunternehmen Firmenich (Genf) kreiert. Ted Lapidus gehört seit 1983 zu Jacques Bogart SA / Groupe Bogart (Naf Naf, Chevignon u. a.) – *Ted Lapidus – Pour Homme* wird nicht mehr produziert.

INTERMEZZO Kindheit

Tanz der Moleküle

Erschien dir schon als Kind der Fluss der Zeit rätselhaft, war dir die Endlichkeit allen Lebens unbegreiflich, so stellten Düfte in ihrer ätherischen Präsenz und Flüchtigkeit für dich eine Metapher / ein exemplarisches Faszinosum der *Conditio humana* und der unmittelbaren Welterfahrung dar.

Was dich angezogen und auf ganz spezielle Weise begeistert hat, war die sinnliche Freude über Geruchseindrücke, die Wirkung von Duftbewegungen auf deiner Haut – und der sanfte Trost, der von ihnen ausging.

Die Sinnlichkeit des Moments, die wundersame Gegenwärtigkeit des sich Verströmenden und mit der Zeit Verändernden, langsam wieder Vergehenden, hat deine ganze Aufmerksamkeit auf sich zogen. Das Innehalten hat dich bewusst atmen und Mögliches riechen lassen.

Im Riechen hast du dich und die Welt wie in einem Spiegel, im Wandel deiner duftenden Hautoberfläche wahrgenommen; libidinöse Besetzung der eigenen Körpergrenze; synästhetisches Glücksgefühl in der Gegenwart.

> In der Zeit trägt jeder Augenblick, jede Erfahrung eines jeden Lebewesens den Stempel der Einmaligkeit.[12]
> François Cheng

Du hast die Fährten an deinem Handrücken und Handgelenk aufgenommen, ausgiebig an deinem Unterarm geschnuppert, die langsamen Entwicklungen und Ausformulierungen der unterschiedlichen Aspekte der Bouquets inhaliert. Du hast die Beziehungen der Moleküle, die sich auf der Haut abgespielt haben, ihr Wachstum und ihre Veränderung über Stunden und schließlich das allmähliche Verdunsten der Aromen, das Verblassen der letzten zarten Duftspuren aufgesogen, das sanfte Nachklingen des Warmvertrauten genossen.

Es ging dir nicht um den Wunsch nach Benennung oder den Versuch bewusster Erinnerung, das Festhalten der unterschiedlichen Eindrücke für ein mögliches *Später*, du wolltest dich ganz auf die Vielfalt der Noten und Nuancen einlassen, mit dem Reichtum der sinnlichen Erfahrung im *Jetzt* in Resonanz gehen.

Im Aufnehmen der Witterung, in der Konzentration auf das Wechselspiel des olfaktorischen Zaubers warst du verbunden mit der molekularen Bewegung des *Da-Seins.*

> We smell with our mind. Your mood affects the way you smell. The French verb sentir, ›to smell‹, also means ›to feel‹. Smells change our moods.[13]
>
> Bernard Chant

Das Wahrnehmen des steten Wechsels der Geruchsimpressionen gab dir Geborgenheit, das Nicht-Materielle (das Nicht-Greifbare) der Düfte in der Veränderung war dir temporäres Zuhause, olfaktorische Heimat, die dich, sobald du sie einmal betreten hattest, immer wieder aufs Neue willkommen hieß. – Eine Heimat, die Gegenentwurf war zu deiner Zerrissenheit, dem Verlorensein zwischen den Wohnorten, den verschiedenen Welten.

ROGER & GALLET

L'Homme (1979)

[GRÜNE MINZE, WACHOLDERBEERE, SALBEI, KORIANDER, YLANG-YLANG, ZISTROSE, WÜRZIGE NOTEN, HOLZIGE NOTEN, AMBERNOTEN]

Bei der Seife, die nun in deiner Erinnerung auftaucht, handelte es sich nicht um eine der von deiner Großmutter verwendeten, nicht um *Speick* (Walter Rau, 1928), nicht um *Spanisch Leder* (Lettner & Söhne, 1964).

Das Seifenstück deiner Tante Josette, das seit dem Jahr 1979 in deinem Kleiderschrank liegt und noch immer sein würzig-holziges Aroma verströmt, stammt aus dem Hause Roger & Gallet: *L'Homme.*

Zurück zur Natur, um die Initiation in Sachen Maskulinität zu feiern. Lonesome – Outdoor – Abenteuer: Männlichkeitsbilder, Inszenierungen aus den zu Ende gehenden 1970er-Jahren.

Die Olfaktorik ist in schillernde Ikonografie unterschiedlicher Persönlichkeitstypen übersetzt. Das überdeutlich wahrzunehmende Wasserzeichen: Hedonismus pur, Identitätsfindung in der freien Natur.

1. BILD – AUSSEN / TAG: Wir sehen einen Mann mit dunklem Haar und braun gebranntem, nacktem Oberkörper; er steht bis zur Hüfte im Wasser. Hinter ihm tost ein Wasserfall; Schaumkronen umgeben ihn. Unter dem Motiv die fetten Lettern: »L'homme est rare«.

> The best fragrance is the scent of water, the fragrance of dew and rain falling on plants. Water is the essential element, a source of life and energy.
>
> Issey Miyake

2. BILD – AUSSEN / TAG: Eine frische Brise. Da sitzt ein Mann, Typ Alain Delon. Er trägt helle Jeans und ein lässig geöffnetes blaues Baumwollhemd mit kurzem Stehkragen. Hinter ihm liegt das Meer. Seine Arme auf den Knien abgestützt, umfassen seine Hände einander vor dem Körper. Er blickt herausfordernd in die Kamera. Das Abenteuer lockt – »L'homme est rare«.

> I put on my perfume, yeah I want it all over you
> I'm gonna mark my territory ...
>
> Britney Spears

3. BILD – AUSSEN / TAG: Ein Mann, wie ihn die Werbung heute nicht mehr zeigt; ein unauffälliger Individualist, ein bourgeoiser Skeptiker im besten Alter. Die Sonne scheint ihn zu blenden, er kneift das rechte Auge zusammen, blickt aus dem zum Schlitz verjüngten linken, dessen Pupille das Licht reflektiert. Auch er trägt ein helles Hemd mit Stehkragen, weit offen gibt es den Blick auf eine haarlose Brust frei. Die Unschärfe im Hintergrund suggeriert eine Oase in der Wüste – »L'homme est rare«.

> I hide it well, hope you can't tell
> But I hope she smells my perfume.
>
> Britney Spears

4. BILD – AUSSEN / TAG: Ein weiteres Sujet mit dem blonden Mann, den wir bereits von seiner Individualsafari kennen. Diesmal: eine Totale. Er vermittelt nun mehr Entschlossenheit; der Kerl macht einfach sein Ding, umgeben von Steppe. (In der Ferne zeichnen sich Felsmassive ab.) Sein hellblaues Hemd, an den Unteramen hochgekrempelt, ist weit geöffnet, auch hier fällt der Blick auf seine glatte, braun gebrannte Brust. Ganz klar, denn dort schlägt schließlich auch das Herz des wahren Abenteurers. Die Hände in den Taschen seiner dunklen Pluderhose wartet er auf das erlösende Klicken der Kamera des Werbefotografen, um sich dann wieder den essenziellen Dingen widmen zu können: einer Zigarre auf der Veranda seiner Ranch oder der Arbeit an einem neuen Buch, gut odoriert auf den Spuren Hemingways. Oder der Eroberung einer Frau (wenn schon nicht eines unbekannten Kontinents).

> Women's perfume adverts tend to feature some teenage model with undulating hair orgasming in a huge field of flowers. Men's perfume adverts are some suited dude punching a wolf in the face or jumping off a skyscraper. Have we come this far in our concepts of the sexes?[14]
>
> Lou Stoppard

5. BILD – AUSSEN / TAG: Ein attraktiver Typ, der ein wenig an Clive Owen, wahlweise auch an den jungen Timothy Dalton erinnert, sitzt am Meer. Glatter Teint, oben ohne, braun gebrannt, muskulös. Sein dunkles Haar dünnt allmählich aus; Geheimratsecken zeichnen sich ab. Egal. Das Haar ist dort, wo es eigentlich hingehört und der Männlichkeit geschuldet ist: Üppig kräuselt es

sich auf seiner Brust, sichtbar ist es auf den Unterarmen. Der Kerl kann zupacken. Zunächst aber verteilt er noch den Duft in seinen Handflächen, genießt den erfrischenden Moment, in dem er so ganz bei sich ist. Der Horizont ist weit – »L'homme est rare«.

Das männliche *Androsteron*, ein Abfallprodukt des Sexualhormons Testosteron, riecht übrigens für viele nach Urin, für andere angenehm süß nach Vanille oder Honig.[15]

Aber wann ist ein Mann denn nun ein Mann?

Die Frage blieb freilich unbeantwortet. Der Duft, das Packaging und die begleitende Werbekampagne bildeten jedenfalls ein Signifikantenfeuerwerk im symbolischen Raum, erzählten von sozialer Konditionierung und geschlechtsspezifischem Marketing.

> The perfumery market still categorizes most perfumes as either feminine or masculine. This is probably due to the market's wish to sell an »identity« rather than a specific odour quality, where this »identity« itself is categorized as »feminine« or »masculine«.[16]
>
> Anna Lindqvist

~

Roger & Gallets *L'Homme* ist heute tatsächlich äußerst rar geworden. – Es wird schon lange nicht mehr produziert.

In Onlineforen werden, sollten sie überhaupt zu finden sein, für ein kostbares Originalflakon (100 ml) des frisch-holzigen Franzosen schon mal bis zu 200 Euro verlangt.

Bei dem heute erhältlichen und vom alles dominierenden Marktführer L'Oréal vertriebenen *L'Homme* (2008) handelt es sich um eine Reinterpretation des Originals aus den 1970er-Jahren. Eine

Komposition unter anderen Vorzeichen, mit veränderten Inhaltsstoffen. Der grün-minzige, von Salbei, Koriander und einer Nuance Ylang-Ylang geprägte Auftakt ist einem zitrisch-blumigen gewichen, süßer und weniger raffiniert auch das Zusammenspiel der einzelnen Ingredienzen.

Die herb-würzige Holznote: Sie findet sich auch in der Neuformulierung in ambrischer Begleitung. Weiterhin markant und unaufdringlich, nachgerade konservativ kleidsam, und doch ist es nicht mehr das Gleiche. Ein Beispiel für ein Re-Edit zwischen Oldschool und Anpassung der Parfumeurskunst an die Vorstellung der (vermeintlichen) Gegenwartsnotwendigkeiten und -interessen auf einem globalen Markt.

Es gibt Aficionados, die fühlen sich bei der 2008er-Version von *L'Homme* an *Loewe pour Homme* (Marcel Carles, 1992) erinnert, andere wiederum denken an eine leichtere Variante des ersten aromatischen Fougère-Herrendufts (Farn-Duftfamilie) von *Paco Rabanne Pour Homme* (Jean Martel, 1973) – freilich ohnc Honigaspekte.

Die Logos auf den Flakons von Paco Rabanne und Ted Lapidus, die in sich verschachtelten Lettern, deren Linien die jeweiligen Initialen bilden, erinnern in jedem Fall an eine Zeit, in der die Franzosen in Sachen Parfumproduktion und Innovation federführend waren und maßgeblich zur olfaktorischen Ästhetisierung des Alltags beigetragen haben.

Groß war deine Freude, im hintersten Winkel einer kleinen Parfumerie in Palermo unvermutet auf ein Roger-&-Gallet-Geschenkset mit Originalen der wertvollen Komposition zu stoßen. Der Inhalt der Zeitkapsel aus der Vergangenheit enthielt ein Eau de Toilette (50 ml), ein herb-vertraut duftendes Seifenstück wie jenes von Tante Josette in deinem Kleiderschrank sowie ein *Baume Après Rasage* (50 ml).

Als Kind schon hat dich *L'Homme* fasziniert, hat Fragen nach dem *Wer-will-ich-einmal-sein?*, *Wie-möchte-ich-leben*? aufgeworfen.

Das Bouquet hat Emotionen bewirkt und begleitet, mögliche Perspektiven eröffnet.

Und doch war dir bewusst, dass der Duft damals um einiges älter war als du selbst. Du brauchtest ihn, er gehörte irgendwie auch bereits zu dir; und doch noch nicht ganz. – Es brauchte die Zeit der Reifung.

Du hast beschlossen, auf ihn und den richtigen Zeitpunkt zu warten. Und dann, eines Tages, wenn du groß sein würdest, dann würde er kommen, der richtige Augenblick.

> **Noch nie waren die Menschen weiter entfernt von ihrer jeweiligen Identität als heute. Parfum wird häufig genutzt, um lediglich das Bild eines anderen zu tragen. Die wenigen nutzen es, um sich selbst zu finden oder zu definieren.**[17]
> Serge Lutens

Heute bist du wohl älter als die Zielgruppe, die einst mit *L'Homme* angesprochen werden sollte. Und es steht fest, dass der Duft und sein Träger mit den Jahren gereift sind, anders vielleicht als erwartet – nun sind sie bereit füreinander.

> **Über eine einzige Nervenbahn schicken die Mitralzellen ihre elektrischen Impulse direkt ins Triebzentrum.**[18]
> Hanns Hatt / Regine Dee

Was nach dem unmittelbaren Auftragen mitschwingt, ist eine gewisse Melancholie angesichts des Vergehens von Zeit im Allgemeinen, ganz bestimmten Ereignissen der Vergangenheit und unerfüllten kindlichen Hoffnungen. Und gleichzeitig ist da dieses wunderbare, von Vertrauen geprägte mehrstimmige Entfaltungspotenzial, dieses unbändige Glücksgefühl, dass zwischen den tanzenden Duftbausteinen das verführerische Zusammenspiel der Akkorde immer wieder aufs Neue begeistert.

> Ein gutes Parfum ist wie ein Feuerwerk oder wie eine Symphonie. Erst kommt die Grundfarbe, wenn sie verbrannt ist, steigen andere Farben auf, dann zünden Raketen, die hoch hinausschießen, am nachtdunklen Himmel entfalten sich leuchtende Blumen.[19]
>
> Chandler Burr

Erfüllt von der Freude über das Geschenk zu leben, bewusst wahrnehmen und von sinnlicher Erfahrung derart berührt sein zu können, öffnest du dich der *Quelle des Guten* (Lacan).

Du tauchst durch Sinnlichkeitskaskaden, die zur Überwindung deiner Einsamkeit mit beigetragen haben. (»Jeder Mensch ist eine Insel, ganz für sich allein«, hatte dein Vater immer gesagt.)

Das Atmen, Einatmen, Riechen. Das Erspüren, Wirken-Lassen, Erinnern ist geprägt von unmittelbarer Gegenwartserfahrung, einem Innehalten in Vertrauen und Zuversicht, ausgelöst von einem Duft, dessen konkrete und erinnerte Projektionen dich seit deiner Kindheit begleiten.

Du bist deiner Tante Josette dankbar für die kleine Aufmerksamkeit, das prägende Geschenk, das sie dir mit der *L'Homme savon parfumé* gemacht hat. Die sinnliche Gabe berührt dich heute noch. Ihr zarter, vertrauenserweckender Duft hatte dir schon vor langer Zeit im Kinderzimmer von möglichen Zukünften erzählt, vom Erwachsensein, einem glücklichen Leben gerade in Zeiten von pubertären Stimmungsschwankungen, Selbstzweifeln und unbestimmtem Weltschmerz.

Als freischwebende Komposition von Molekülen in Bewegung ist der Duft reine Schönheit. Seine Wirkung scheint sich nicht nur in der Zeit zu entfalten; sie scheint tatsächlich die Zeit *zu sein.*

Liberal, progressiv, auf Idealen der Harmonie basierend, weltoffen: So roch *L'Homme* damals für dich. Und so riecht es auch heute noch.

> Die Erinnerung ist das Parfum der Seele.
> Lord John Russell

Du schaust in den Spiegel und siehst den Jungen, der du warst, den Jungen, der du immer noch bist.

Du wirst dich zu deinem 50. Geburtstag mit einer würzig-frischen Brise in einem schlanken, schlichten Flakon überraschen, um mit zwei, drei Sprühstößen das Leben zu feiern.

Du wirst den Duft tragen wie jede weitere neue Falte: ganz selbstverständlich, mit Stolz.

In Bruchteilen von Sekunden werden Manifestationen der Komposition zerstäubt werden und in der Zeit Formen des molekularen Möglichkeitsspektrums annehmen, bevor sie sich weiter verändern, wandeln und dann allmählich, ganz langsam wieder verflüchtigen, sich auflösen, wie auch du eines Tages vergehen wirst, unaufhaltsam zerfallen wirst.

Der Duft wird sich auch dann noch einer ganz konkreten Beschreibung entziehen und sich doch in seiner feinstofflichen Gesamtheit erahnen lassen.

Der konkrete Duft wird gehen, die luzide Erinnerung aber wird eine sein, die über das bewusste Vermögen und die Sinne hinausreicht.

Mit dieser Erfahrung wirst du verbunden bleiben. – Mit *einem Wispern, das die Nase hört.*

Roger & Gallet *L'Homme* (1979) wurde von Nicole Mahieu komponiert. Roger & Gallet, 1975 an Saodi Group verkauft, gehörte zwischenzeitlich zu Gucci und ist 2008 von L'Oréal übernommen worden. – *L'Homme* von Roger & Gallet ist seit 2008 in einer aktualisierten Version erhältlich.

INTERMEZZO
Die Flüchtigkeit des Duftes
Zeichen, Zeit und Illusionen

Düfte sind instabil, veränderlich, sie sind unfassbar und grenzenlos. Sie können facettenreiche Formen und Strukturen annehmen, und sie verlieren diese wieder. Sie kommen, um Hochzeiten der Riechstoffe zu feiern, zu gefallen, zu erregen und zu empören, anzuziehen oder abzustoßen und schließlich wieder zu verschwinden.

Als subtile Resonanzträger bleiben die Molekülverbindungen ephemere Kreationen, mehr oder weniger flüchtige Gebilde, die aerodynamisch pulsieren und nahkörperliche Grenzerfahrungen ermöglichen.

Düfte gehen mit der Schnittstelle Haut – beziehungsweise Nasenschleimhaut – molekulare Verbindungen und biochemische Reaktionen ein. Die Haut ist dabei nicht nur oberflächliche Trägerschicht für den Duft, sie wird zur maßgeblichen Komponente: Ihre Mikroflora, der pH-Wert, die Feuchtigkeit sowie die Temperatur spielen eine wesentliche Rolle, entscheiden darüber, ob und in welcher Form ein Bouquet seinen ganz persönlichen Charakter entwickelt.

> An einer Haut mit saurem pH-Wert drücken sich Düfte besser aus, an einer basischen Haut schlechter. Manche Komponenten verschwinden dann, andere werden zu dominant.[20]
>
> François Demachy

Die Atemluft wird als Trägermedium olfaktiver Information zur *zeichenerfüllten Respirationssphäre:* Es wimmelt von codierten Partikeln, die bestimmte Erregungsmuster hervorrufen.

Die konkrete phänomenologische Erfahrung des Riechens produziert zum größten Teil Phantasmen des Unaussprechlichen. Das *Eigentliche* des Dufts, ob gegenständlich oder abstrakt, liegt jenseits der Versprachlichung. Es zeichnet sich durch subtile Kräfte aus, die von Mythenbildung und Duftillusionen begleitet werden.

Was auch immer wir sehen (den Flakon, die – gefärbte – Flüssigkeit) und riechen (das Cologne, Eau de Toilette, Parfum): Die Duftmoleküle, ob natürlich, halb synthetisch oder (voll-)synthetisch, ihre Größe, chemischen Bindungen und Wechselwirkungen bleiben für uns unsichtbar und dennoch wirkmächtig.

Duftkreationen rufen als verflüssigte Signalmengen in ihren Bewegungen hin zur Evaporisation sensorische Reize hervor. Sie gehen vom flüssigen in den gasförmigen Aggregatzustand über, setzen sinnliche Impulse, verströmen sich in der Zeit und verdunsten allmählich.

In der Welt des Dufts ist alles Zeichen.

Duftbotschaften und ihre Unschärfen / ihre ausströmende Entourage entfalten sich in der Zeit, im Raum, und verflüchtigten sich wieder, entziehen sich uns fortwährend.[21]

Duft entfaltet sein anarchisch-ätherisches Potenzial in der Dauer, er wirft seine Anker aus in die Vergangenheit und bildet gleichzeitig versatile Projektionen in Richtung Zukunft, öffnet mögliche olfaktive Resonanzräume.

Es scheint ganz so, als müsse der Duft als das Sich-Ereignende und stets auch auf das Vergehende, die Endlichkeit Verweisende in rezeptive Bahnen gelenkt werden, als rufe seine schwingende Wirkkraft, sein rhythmisches Pulsieren den Drang nach unmittelbaren dichotomischen Zu- / Einordnungen (»Den Duft mag ich« / »Den Duft mag ich nicht«) hervor, um (vorbeugend, oder zumindest fürs Erste) gebändigt / gebannt zu sein.

> **Mehr als eine flüchtige Ausdünstung,**
> **ist der Duft dauerhafter Gesang.**[22]
> François Cheng

Womöglich lässt sich der Wunsch zur *High Performance* zeitgenössischer Parfums – übermäßige Projektion (Reichweite des Duftes), heftigste Sillage (späte Phase des Duftes) und stundenlange Haltbarkeit –, ja, auch als Symbol der Zeit lesen, als Ausdruck des unbewussten Wunsches nach Verdrängung des allzu Flüchtigen, als Ausdruck des Zurückdrängen-Wollens der Dufterfahrung als *Memento mori.*

Der Vergänglichkeit wird gleichsam entgegengesprayt: Duftmarken mit erhöhter Emission, olfaktorischer Strahlkraft und Sättigungsausdauer sollen permanente Gegenwart suggerieren.

Die Poesie der Moleküle, die Wirkmächtigkeit des Flüchtigen ist nicht zu unterschätzen.

DAVIDOFF
Eau de Toilette (1984)

[BASILIKUM, BERGAMOTTE, LIMETTE, ZITRONE, BEIFUSS, JASMIN, IRIS, GARTENNELKE, THYMIAN, ROSE, HEU, ZEDERNHOLZ, PATSCHULI, LEDER, AMBRA, MOOS, WEIHRAUCH, BIBERGEIL, VETIVER]

Zu deiner Zeit auf dem humanistischen Gymnasium nahmst du frühmorgens auf dem Flur des ehemaligen Klosters diesen gewissen Duft wahr. Er kündete von der Präsenz des Musiklehrers.

Ihr Schüler hattet damals gedacht, er würde sich täglich nach dem Aufstehen ein aromengesättigtes Schaumbad gönnen, intensiv und opulent.

Der Musiklehrer war es, der dir damals Gegenwelten eröffnet hat; der dir die Musik von The Leather Nun, Hüsker Dü, den Pixies oder den Ramones näherbrachte. Ihm hast du auch deine ersten Erfahrungen als Drummer bei einer Schulband namens The Psychedelic Underground zu verdanken.

War er bei den Proben anwesend, wurdet ihr auch immer von diesem grandiosen Duft begleitet.

Wenn du den Duft später manchmal selber trugst, musstest du immer an euer erstes Open Air denken, bei dem du dich und die

Sticks nicht mehr mit der Band und deinem Umfeld synchronisieren, den Rhythmus nicht mehr wiederfinden konntest, traumtrunken, geistesverloren. Umhüllt von deiner vertrauten Lieblingswolke machtest du während des laufenden Konzerts einen Abgang. Du hast die Bühne verlassen und der Rockstar-Karriere für immer den Rücken gekehrt.

> **Düfte sind wie die Seelen der Blumen; man kann sie fühlen, selbst im Reich der Schatten.**
> Joseph Joubert

Deinem Musiklehrer bist du nach der Schulzeit noch ein, zwei Mal begegnet. Zuletzt hast du ihn in der Pause einer Aufführung von *Warten auf Godot* gesehen. Später hörtest du, dass er sich wohl wenige Tage danach in der Toilette seiner Wohnung zur Musik von Astor Piazzolla erhängt hatte. (Seine Freundin, eure ehemalige Lateinlehrerin, sprach von seinem *Freitod*, ein Wort, das dich noch lange irritiert hat.)

Der Duft war ein typischer »Altherren«-Duft mit großbürgerlichem Charakter; sein Träger ließe sich heute wohl am ehesten als gediegenes Member eines Zigarrenclubs vorstellen, das noch kurz im *Cicero* blättert, bevor im Salon die Degustation eines erlesenen Whiskys auf der Tagesordnung steht.

Das Eau für den Gentleman war nie penetrant, aufdringlich oder gar verstörend. – So stelltest du dir ein glückliches Leben am Zürichsee vor.

> **Das ist eine Philosophie des Luxus: Kostet etwas genug, lässt es sich gut verkaufen.**
> Zino Davidoff

Markant, ausdrucksstark mit elegantem Fougère-Alleinstellungsmerkmal hüllte er einen ein, behutsam und doch kraftvoll; ein wohlbetuchter Mäzen, als dessen ausgesuchter Protegé sich die vaterlose Jugend leichter leben ließ.

Mit seiner Vornehmheit stellt das klassische *Davidoff* heutige Parfumbehauptungen, zeitgenössische Wuchtbrummen und Duftknaller in den Schatten, verweist sie in aller Deutlichkeit auf die hintersten Ränge.

Das Eau war exquisit; würzig, leicht ledrig, mild süßlich, die Haltbarkeit erstaunlich. Ein treuer Begleiter von morgens bis zum späten Abend. *From Here to Eternity.*

Was habt ihr gelacht, was habt ihr geschmust. Und die großen Ferien erschienen euch wie eine einzige Ewigkeit. *Endless Summer.*

Bei Familie Yung-Ming in New Malden in der Nähe Londons sangen OMD, das Orchester, das im Dunklen manövrierte, aus der Wohnzimmerstereoanlage, gleich neben dem gemauerten Kamin, in dem abends ein Fake-Feuer brannte: »Talking loud and clear ...«

Der Duft tat das Gleiche: Er sprach mit klarer Stimme, ganz deutlich, in einer Sprache, die du nicht verstandest und die dennoch oder gerade deswegen so voll von Weltverzauberung war.

Bis heute kennst du keinen vergleichbaren Duft; *Davidoff* bleibt einzigartig.

So wie jene Tage, die erfüllt waren von einem Verbundenheitsgefühl, das durch alle Wesen und Dinge reichte, von zeitlosen Träumen, Ideen und stillen Geheimnissen der Gegenwart.

~

Männlicher Körpergeruch basiert eher auf Fettsäuren, welche typischerweise nach Schweiß und Käse riechen.[23]

Die Benutzung von Eau de Toilette oder Parfum war für euch Jungs in der Schulzeit, in den 1980er-Jahren, eher unüblich. Gängig waren *Bac*-Deostifte (»Mein Bac, dein Bac; Bac ist für uns alle da!«, Schwarzkopf, 1970er), *Axe*-Spraydeodorants (Unilever, 1985) oder einem Feuerzeug nachempfundene *BIC*-Billigparfums (*Bic Homme № 1*, *Bic Sport № 1*, beide 1988).

Davidoff war dein erstes Eau de Toilette, du trugst es für besondere Anlässe; Familienfeiern und heimliche Rendezvous. Die geliebte Person N. hatte einen Flattop wie Dave Gahan von Depeche Mode (»I just can't get enough«) und roch nach dem Wetgel von L'Oréal. (»Stu-Stu-Studio-Line ...«)

(Für den Alltag gab es später, ab dem Jahr 1986, das leichte, erfrischende *Basic Homme* von Vichy, ausschließlich erhältlich in der Apotheke. Kein besonders einfallsreicher oder gar schicker Flakon, aber eine Duftkreation, die dich durch ihre wohlriechende Unaufdringlichkeit über viele Jahre – bis zur Einstellung um die Jahrtausendwende – begeisterte und inspirierte. Im Herbst 2002 fandest du durch eine glückliche Fügung in einer Apotheke in der Ulica Próżna in Warschau noch Restbestände dieses wunderbaren *Eau Énergisante*. Und du freust dich, auch heute noch, regelmäßig ein, zwei Sprühstöße auftragen und genießen zu können.)

In deiner Erinnerung umschmeichelt dich die behutsame Rauchigkeit von *Davidoff*. Sie ist ganz klar wahrnehmbar und doch dezent. Sie legt Eleganz und Haltung nahe, weckt Vertrauen in den Moment. Sie ist weit entfernt von fordernden Oud-Kaskaden oder anderen zeitgenössischen Räucherorgien.

> Chemiker haben festgestellt, daß der Weihrauch der Boswellia neben harzigen Säuren vier Arten von Terpenen enthält und daß der Rauch auf die Gehirnzellen genauso wirkt wie das Cannabisöl.[24]
>
> Paul Faure

In der Duftpyramide war einst Weihrauch angegeben, was durchaus zutreffend hätte sein können. Für dich aber ging es mehr in Richtung Zigarrenrauch. Was aber auch mit der simplen Tatsache zusammenhängen könnte, dass das Image der Marke in den 1980er-Jahren, und somit zu Lebzeiten Zino Davidoffs, noch viel mehr mit edlen Rauchwaren denn mit trendigen, marktdurchsättigenden Duftwässerchen verbunden war.

Folgte man der urdavidoffschen Duftspur, fand sich da eine Vielfalt aus grünen Noten, Blumen und frischem Holz. Die zitrischen Elemente, die in der Kopfnote gelistet waren, konnten in ihren Spitzen wahrgenommen werden, und doch handelte es sich nicht um einen Zitrusduft, wie beim im selben Jahr erschienenen *Armani Eau pour Homme* (Roger Pellegrino, 1984).

Auch Eichenmoos lockte in der Nase, war aus dem mondänen Bouquet herauszuerkennen; eine zarte Reminiszenz an die Duftvorlieben und die holzig-geräucherte Opulenz der 1970er-Jahre.

Alle Zutaten waren *carefully selected*, vermittelten Klarheit und Wertigkeit, verbanden sich zu einer stimmigen Komposition in einem reduzierten Glasflakon, der im Übrigen durchaus auch Helmut Lang (beziehungsweise seinen Verpackungsdesigner Lutz Herrmann) zur Gestaltung seines legendären, auf Reduktion setzenden ersten Eau de Cologne inspiriert haben könnte (*Helmut Lang*, Maurice Roucel, 2000).

Davidoff war altes Geld und Autorität, abgefüllt in einem schlichten, doch wertigen Flakon. Der Duft des Kapitals. Ein gewisser seifiger Moment – Marke: Im Business schwitzen? Ich? Nie! – war durchaus Implikation des luzid-grünen Cologne.

Die Aura des Markenbotschafters in eigener Sache hatte sich erfolgreich in jenen kostbaren Duft eingeschrieben, den sein Autograf zierte. Der Name war zum Synonym von *Luxus* geworden. Zino Davidoffs Image, seine Persona und das individuelle Erleben mit Duftbegleitung verschmolzen miteinander auf wundersame Weise.

Jeder Schritt auf dem beschwerlichen Weg hinauf zu einer differenzierten Lebensweise wurde begleitet von einer entsprechenden Vervollkommnung in der Kunst der Parfümerie.[25]

Eric Maple

Zino Davidoff, geboren als Zinoviy Gilelevich Davydov, der mit seiner Familie 1911 wegen judenfeindlicher Pogrome von Kiew nach Genf emigriert war, hatte dich als Schüler fraglos fasziniert.

Jedes Interview mit ihm, jedes Porträt des alten Mannes begeisterte dich. Sein faltenzerfurchtes Gesicht, das so viel zu erzählen schien, sein graumeliertes Pomadehaar, die Zigarre im Mundwinkel; diese Souveränität, Präsenz und Weltgewandtheit.

~

Ein Beliebigkeits-Synthetikschleier, oftmals aggressiv, stechend und nicht selten Kopfschmerzen auslösend, hat sich in den Jahren danach leider auch über die davidoffsche Produktpalette gesenkt.

Die zum Eau de Toilette gewordene mantraartige Affirmation von industriell evozierten Geruchsvorlieben plättet Ecken und Kanten, knallt einem entgegen, nivelliert die individuelle Geruchserfahrung, macht sie zur Zumutung.

Austauschbarkeit und die Wiederholung von Wiederholungen; Copy-and-Paste: Vom Gros der zeitgenössischen Parfum-Massenware sind heute zumeist keine überraschenden Highlights in Sachen Parfumeurskunst zu erwarten.

Wer in ein Zimmer voller Orchideen geht, nimmt bald ihren Duft nicht mehr wahr.

Chinesisches Sprichwort

Bei dem *Davidoff*-Original aus dem Jahr 1984 freilich lagen Verwechselbarkeit und glatter Mainstream noch in weiter Ferne.

Die Ingredienzen waren vom damals 35-jährigen Parfumeur Edouard Fléchier – ein bekanntes Bild zeigt den Franzosen mit perfektem Moustache unter dem Blatt einer Zimmerpalme; den Blick vom Betrachter abgewandt, in die Ferne Richtung Inspiration gerichtet – derart meisterlich miteinander verwoben worden, dass ein abgerundetes Dufterlebnis garantiert war.

Harmonische Gleichberechtigung aller Inhaltsstoffe im Dienste der ganz klar formulierten und suggerierten Männlichkeit: Im orwellschen Schicksalsjahr fand sie hier nachweislich statt.

Vom Marketingkonzept des »Unisex«: weit und breit noch keine Spur. Calvin Kleins Megaseller *CK One* zeichnete sich weitere zehn Jahre noch nicht am Dufthorizont ab.

Davidoff, dieses Unikat passte nicht nur zu Glencheck und / oder Prince of Wales Check, sondern auch zur Secondhand- vulgo: Vintage-Lederjacke, wie Falco sie zu Zeiten des *Kommissar* (1982) trug.

Check it out Joe.

~

Mit Düften ist es wie mit alten Büchern, mit Texten, die einem einmal etwas bedeutet haben. Sie können sich im Lauf der Erfahrungen über die Jahre mit der Zeit verändern. Derselbe Text / dieselbe Textur kann unterschiedliche Wirkung entfalten. Andere Verhältnisse, andere Wirkungen.

Sind wir mit einem Kraftfeld von Worten, mit den Duftakkorden eines Parfums einst in Resonanz gegangen, so kann sich dies in einer aktuellen Wiederbegegnung verändern / anders darstellen.

> Was ist ein Name? Was uns Rose heißt,
> wie es auch hieße, würde lieblich duften.
> William Shakespeare

Literatur wahrnehmen, wie auch ein Parfum wahrnehmen, bedeutet, durch ein Feld an Möglichkeiten zu wandern. Grammatik ist Hoffnung, und ungeahnte Wechselwirkungen, Passagen oder Akkorde öffnen sich mit einem Mal in faszinierender Lebendigkeit, ermöglichen diffizilste ästhetische Dynamiken und synergetische Prozesse.

Düfte aus der Vergangenheit funktionieren dann am besten, wenn sie schon mit persönlichen Erinnerungen verknüpft sind.

Zweifellos aber versteht Fléchiers Kreation auch unmittelbare Begeisterung zu entfachen.

Der Altmeister hat kompositorisch wie technologisch weitergetüftelt und in Kooperation mit *Editions de Parfums Frédéric Malle*[26] das eigenwillige, floral-frische *Lys Méditerranée* (2000) sowie das kraftvoll blumig-holzige *Une Rose* (2003) herausgebracht.

Auf viele vom globalen Parfumbusiness sozialisierte Nasen würde ein Eau de Toilette wie das klassische *Davidoff* heute wohl eher abschreckend, gar einschüchternd wirken; überprozessiert, zu anspruchsvoll, vielleicht sogar als altbacken abgestempelt werden; im negativen Sinne *retro.*

Archaisch unerschütterlich transportierte es ein Männlichkeitsbild, das für dich als eine Art olfaktorisches *Role Model* fungierte. Basilikum, Beifuß, Thymian, dazu Patschuli, Weihrauch, Bibergeil – wer macht denn so etwas heutzutage noch? (»Made in West-Germany« stand auf dem Packungskarton.)

Das Eau de Toilette war eine einmalige Manifestation des Ungreifbaren, ganz nah, *flüchtige Aura duftender molekularer Schwingungen.* Und der Kalte Krieg zeichnete sich als unscharfe Silhouette hinter den beruhigenden Schleiern von Distinguiertheit und der Schönheit eines Parfums ab.

Nichts in der Welt macht Vergangenes so lebendig wie der Geruch.
Oscar Wilde

~

Du siehst deinen Musiklehrer; er ist nun ein alter Mann, trägt einen weißen Bart. Ein gelassener Intellektueller, reich an Lebenserfahrung.

Er raucht Pfeife, blickt auf ein erfülltes Leben zurück.

Er ruht in sich, ist ganz er selbst, ganz Mann.

Er trägt *Davidoff.*

Er blickt dich an und sagt: »Ich kann nicht verstehen, wie sie ein Juwel wie dieses nicht mehr herstellen können. Es ist, als würdest du einen Velázquez zerstören, damit niemand ihn mehr erleben kann.«

~

Bei dem klassischen *Davidoff* handelte es sich vielleicht um einen der größten Parfumentwürfe aller Zeiten. Offene Assoziationen; frei schwebende Moleküle. Jugendzimmer mit Kassettendeck im Kerzenlicht; es singen Soft Cell, Tom Waits und Sade; dann noch etwas Talk Talk; nackte Haut, sanfte Berührungen.

Und vor Mitternacht nach Hause.

War es mit einem Jungen wie M., mit C. oder P.? Mit einem Mädchen wie K., N. oder A.?

Vielleicht waren es frische Beeren, orientalische Gewürze, womöglich auch Seife aus alten Tagen.

Davidoff war die molekulare Verdichtung unbestimmter Sehnsüchte, von dem Wunsch nach Halt und dem nach dem Gesehen-, Verstanden-und-gemocht-werden-Wollen.

Die Essenz war dir ein grünklares, zauberhaftes Versprechen von Sicherheit und Freiheit trotz Zerrüttetheit und dem Funktionieren-Müssen in einer scheinbar unüberwindbaren Disziplinargesellschaft.

Davidoff hat dich damals aus dem Klassenzimmer herauskatapultiert.

Der Duft hat sinnliche Räume geöffnet, das Erwachsenwerden begleitet und auf seine Weise auch geleitet. Er hat eine eigene Vorstellung, einen Entwurf von Männlichkeit erlaubt; das gepflegte Äußere bei gleichzeitigem Heavy-Metal- und Hard- und Glamrock-Konsum unterstrichen. Iron Maidens *Piece of Mind* und *Davidoff* waren durchaus kein Widerspruch.

Richtig zum Wohlfühlen aber war das Slowdancing (der »L'amour Hatscher«, wie deine Mutter ihn nannte) mit E. – wunderschön und unerreichbar – zu George Michaels *Careless Whisper*, begleitet vom zarten Hauch der perfekten Balance des grünen Beschützers, der raffiniert erotisierend, cooler, als jedes »Cool« es jemals würde zustande bringen können, dazu beitrug, Contenance und Eleganz zu bewahren.

Mit der Zeit verband sich der Duft mehr und mehr mit der Haut, wurde weicher, würzig-aromatischer. Dann kamen die Holznoten zum Vorschein.

Davidoff Eau de Toilette war gekommen, um Kontakte zu schaffen und in Verbindung zu bleiben. (Bevor es sich dann überraschend und für immer vom Markt verabschiedete.)

Und hatte der geschmackvolle Ästhet sich erst einmal in der Nase eingenistet, im Raum entfaltet, so bekam man eine Ahnung von seiner Wirkkraft. Er schien Garant für erotische Erkundungen, Abenteuer und Fantasien.

Davidoff, soviel lässt sich sagen, war auch ein Duft für einen jungen Mann mit dem Wunsch nach Stil, nach Lässigkeit und dem gewissen Hang zur Überheblichkeit; durchdrungen von der Freude am Körperkontakt, neugierig auf neue Erfahrungen, getrieben von ungelenkem Begehren.

Es gibt Stimmen, die sagen, mit dem grün-blumigen *Vermeil for Men* existiere heute eine ernst zu nehmende Wiederauferstehung, ein gelungenes Remake des davidoffschen Klassikers. *Davidoff* war ein kostbarer Duftdiamant, und doch um einiges weicher als *Vermeil.*

Der cremige Kokosnussakzent im finalen Trockenprozess, das sanfte, weiche, bibergeilgesättigte Leder, die süße Rose: definitiv nichts, was man zuvor auf diese Art schon einmal gerochen hat oder jemals später auch nur annähernd würde riechen können. (Im Übrigen scheiden sich an dem *Vermeil*-Flakon naturgemäß die Geister; einem goldenen Feuerzeug mit Lederhülle nachempfunden, würde jener, so heißt es, keinerlei Bezug zum überlieferten anmutigen »Herrenduft«-Bouquet haben.)

Nur ein anderer Klassiker kommt annähernd an die distinguierten animalischen Noten des Bibergeils des *Davidoff* heran: *Antaeus* (Jacques Polge & François Demachy für Chanel, 1981) – allerdings nur in der Vintage-Version. Auch *Yatagan* (Vincent Marcello für Caron, 1976) könnte in dieser Hinsicht ein ledrig-würziger Cousin sein; wenngleich auch die Gesamtkompositionen völlig unterschiedlich sind.

Das echte Bibergeil, oder Castoreum, im *Davidoff* war nicht jedermanns Sache, verstand durchaus zu polarisieren, erinnerte es doch zunächst an Urin, nassen Karton, trockenen, tierischen Kot. (Womöglich verbarg sich hier noch tatsächlich Zibet, das Drüsensekret der Zibetkatze dahinter.) Trocknete es, kam eine liebliche Süße zum Vorschein, bekam es eine wunderbare Moschus-Leichtigkeit, harmonisch, adstringierend, verführerisch.

Eine unerwartete Offenbarung, ein Meisterwerk, das selbst so manches heutige Nischenparfum toppt. Ein klassisches Cologne, das seine Wiederauferstehung verdienen würde, keine trendige Reformulierung, eine grobe Adaptierung an die (vermeintlichen) Anforderungen und den Geschmack der Zeit.

Ein wenig ist es, als hättest du *Davidoff* im Jahre 1984 aufgetragen, und die magische Projektion des Duftes begleitet dich noch heute; unverkennbar, superb. In ihr spiegelt sich sein Charakter: moderat und doch lebendig pulsierend, kein Duft für den Ungeduldigen, Rastlosen. Vielmehr für denjenigen, der sich mit offenen Augen, Ohren und nicht zuletzt einer neugierigen Nase auf die Sinnlichkeit des Moments einzulassen versteht.

Du hast bis heute erfolgreich darauf verzichtet, *Davidoff* zu ersetzen. Du verlässt dich lieber weiterhin auf das Original, das du ab und an aus dem Regal nimmst, um respektvoll daran zu riechen. Zum Auftragen fehlt dir allerdings der Mut. Du befürchtest wohl, dich mit einem Mal an all die Ambivalenzen zu erinnern, ein Flashback der Unverfrorenheit und Unausgegorenheit in der eigenen Entwicklung wachzurufen, jäh den Verfehlungen der Entdeckungen der juvenilen Intimität und Irrungen der Identitätssuche, all den verdrängten Peinlichkeiten wieder zu begegnen.

The Power Of Love von Frankie Goes to Hollywood, erschienen im selben Jahr wie *Davidoff*, dringt leise ans Ohr; ein Nachhall der Gerüche aus konfessionellen Gemeinschaftsräumen, Schulskikursen, Pfadfinderlagern und Partykellern.

(Holly Johnson, der Sänger der Band, wird übrigens Jahre nach dem Chart-Erfolg einmal sagen: »I always felt like *The Power Of Love* was the record that would save me in this life.«)

Davidoff und *The Power of Love* – diese unverkennbare, wundersam erotische Stimme von Holly Johnson! – haben die bachelardschen Unermesslichkeiten zum Einklang gebracht, dir einen poetischen Raum der Verdichtung von Sehnsuchtsmomenten geschenkt, in denen ein kitschtriefender Wüstenritt durch das Heilige Land und der Stern von Bethlehem nicht nur hohles Pathos verkörperten, sondern für ein tief empfundenes, hell leuchtendes Ideal von Liebe standen, in dem Musik, Duft und eine ordentliche Portion Camp für ein paar Momente lang die Zeit anhalten und lustvolle Hoffnungsschimmer aufleuchten lassen konnten.

(Und jetzt die Streicher! ... Danke, Trevor Horn!)

Die Nase hinter Davidoff *Eau de Toilette* (1986) ist Edouard Fléchier. Davidoff SA / Die Zino Davidoff Group ist auch heute noch ein Familienkonzern und Lizenzgeber für Luxusprodukte. In den 1980er-Jahren war Lancaster für den Vertrieb verantwortlich, heute ist die Davidoff-Parfumherstellung an Coty, Inc., USA lizensiert. – Davidoff *Eau de Toilette* wird nicht mehr produziert.

INTERMEZZO

Eine olfaktive Chimäre

Oder: Wie duftet eigentlich Maskulinität?

J.F. Houbigant brachte 1882 das Parfum *Fougère Royale* auf den Markt. Eine ganze Duftfamilie, nämlich die des Fougère (Farn), wurde nach dieser archetypischen Komposition benannt.

Farne haben keine Blüten, ihr Wurzelwerk eignet sich nur in geringen Mengen zur Extraktion eines Öls. Ihren humusartigen Duft zu beschreiben oder ihn gar zu reproduzieren, ist eine Herausforderung. Doch Paul Parquet, Nase und Mitbesitzer von Houbigant, ließ seine Farnnote das frische Grün des Waldes repräsentieren. Sein Oeuvre roch unter anderem nach Bergamotte, Geranie, Lavendel, Cumarin und Eichenmoos.

Die Verwendung von synthetisch hergestelltem Cumarin als Riechstoff in *Fougère Royale* markiert allgemein den Beginn der modernen Parfumerie – und den der olfaktorischen Genderkonstruktion.

Fougère, neben Chypre, dem zyprischen Bouquet aus hesperidischen (Bergamotte, Neroli), blumigen (Jasmin, Rose) und holzig-moosigen Noten (Moschus, Eichenmoos), ein Hauptgenre der sogenannten maskulinen Düfte, ist als Schlüsselbegriff der Parfumhistorie also ein *Red Herring*, eine olfaktive Chimäre, als Chiffre Platzhalter für eine imaginäre, eine künstlich konstruierte Emission.

Dem Farn werden Geruchseigenschaften zugeschrieben. Die Bezeichnung / dieses Geruchsbild zieht sich als symbolischer Signifikant, als authentifizierende olfaktive Metapher durch die Historie. – Kann es ein schöneres Sinnbild der Nichtgreifbarkeit von *maskulinem Duft* geben als jenes eines Fantasie-Aromabouquets, das einer Millionen Jahre alten Gefäßsporenpflanze angedichtet wird?

»Er liebte es, durch den Farn zu gehen, hohen Adlerfarn, der die Waldlichtung bedeckte, ließ die gefiederten Wedel durch seine Hand gehen und atmete den Farngeruch ein. Das war ein eigener Geruch, nicht würzig, nicht süß, streng irgendwie, unbeschreibbar wohl, in Worten nicht wiederzugeben. Er ist farnig, dachte er, erinnert nicht an Blüten und läßt sich mit nichts vergleichen«, schreibt Friedrich Georg Jünger.[27]

Männerbilder, wie Geschlechterrollen im Allgemeinen (und auch die damit einhergehenden Geruchskonventionen), unterliegen gesellschaftlichem Wandel. Um sich das vor Augen zu führen, braucht es nur einen kurzen Blick auf die Parfum-Werbesujets, die Darstellung der (sexualisierten) Körper, Identitätskonstruktionen und Geschlechterverhältnisse wie auch die Inszenierung von Partnerschaft und Familie, die begleitenden Claims und Duftbeschreibungen der vergangenen Jahrzehnte.

»Der Jules-Mann ist ein viriler, entschlossener Sportliebhaber, der Risiko und Abenteuer genießt. Autorennen, Fliegerei, Boxen und Motorräder sind ein fester Bestandteil des Duftbildes«, heißt es zu *Jules* von Dior, erschienen 1980. (Dior-Website, 2019)[28]

Die Idee von Maskulinität, die damit einhergehenden Schönheitsideale und erwünschten oder verworfenen, tolerierten oder sanktionierten Hygienegebote, Kosmetikgewohnheiten und Parfümierungspräferenzen verändern sich. In symbolischen Zuschreibungen, Aufladungen und Projektionen verdichten sich Stereotypen und Klischees.

Werbesujets zeigen den parfümierten Mann. Ein erfolgreicher Topos durch die Jahrzehnte. Der parfümierte Mann hat den *Look* und auch heute noch den *Gaze*, er genießt die Vorteile des Luxus und Sehnsuchtsorte unberührter Natur. (Gerne badet er im plastikfreien Meer und in Allgemeinplätzen, fährt schnelle Autos oder Motorräder, posiert vor Berg- oder Wüstenpanoramen.) Seinen nackten Oberkörper zeigt er bei jeder sich bietenden Gelegenheit. Er zieht Aufmerksamkeit und Begehren auf sich; sanfte Berührungen sind ihm sicher. (Eine Hand hier, ein Kuss dort, bisweilen eine innige Umarmung.) Im Lauf der Zeit verändert sich die Inszenierung des parfümierten Mannes, seiner zur Schau gestellten Männlichkeit. Die Frau in einer kompromittierenden Rolle, als Objekt und schlichtes Attribut des bilddominierenden Machos in seiner Männerwelt wie auch misogyne Slogans gehören heute zumeist der Vergangenheit an.

Die Figur des parfümierten Mannes (des *l'homme odoriférant*) ist weiterhin ein beliebtes Werbekonstrukt. Sie ist Projektions- und Identifikationsfläche: ein stellvertretender Erfolgsmensch, der vor Juvenilität strotzt und sein Leben mit Stil, Elan und allen Sinnen genießt.

Der parfümierte Mann ist leidenschaftlicher Liebhaber, Freund, Ehemann und Vater, pflegt seinen Narzissmus wie seinen Intellekt, er ist junger Rebell, Beau und Dandy und als Best-Buddy einer, der stets so richtig Spaß hat. Er ist Schöngeist, Geschäftsmann und Privatier gleichermaßen, überzeugt durch seine Sensibilität und seine unbändige Power. Als Abenteurer und Gentleman ist er Inbegriff eines idealtypischen Männerbilds, als Celebrity trägt er sein Gesicht zur Schau, sorgt als Ikone der Popkultur für positive Stimuli. Und – ganz gleich ob homo-, hetero-, bi- oder transsexuell: Als begnadeter Selbstdarsteller ist er immer gut gebaut.

Der parfümierte Mann genießt ein von Freiheitsdrang und Hedonismus geprägtes Leben in einer heilen Werbe- und Konsumwelt. Sein Image ist gekennzeichnet durch redundante »Feel Good«-Schablonenhaftigkeit. In der komplexen Unübersichtlichkeit unserer Zeit, in der alte Ordnungen der Orientierung nicht mehr greifen und Unsicherheit herrscht, bleibt er in einem globalen Warenüberangebot an Identitätsmarkern der Marktlogik eine verlässliche Konstante: ein Symbol für gepflegte Individualität und Attraktivität in der Subjektwerdungskonsumpalette der Überfluss- und Krisengesellschaft.

Nichts ist schöner als
ein nackter Körper ...
Yves Saint Laurent

Aufsehen erregte einst das ikonografische Schwarz-Weiß-Sujet zu Yves Saint Laurents *Pour Homme* (Raymond Chaillan, 1971), das den damals Mitte 30-jährigen Modeschöpfer, seiner eigenen Maxime folgend, souverän im Adamskostüm zeigte. Mit dem imagebildenden Akt zum Produkt (Foto: Jeanloup Sieff) wurde der Luxuscharakter von *Pour Homme* ganz gemäß Torbergs Tante Jolesch »Was ein Mann schöner is' wie ein Aff', ist ein Luxus« werbewirksam auf den Punkt gebracht. Natürliche Nacktheit in ästhetischer Vollendung: Saint Laurent, schlank, blass und jungenhaft, das primäre Geschlechtsorgan sittlich durch die Sitzposition, das rechte Knie, verdeckt, erscheint vor einem sakralen Lichtkegel gleichsam als auserwählter Haute-Couture-Heiland. Das halblange Haar unterstreicht das Messianische, der Bart an Kinn und Wangen rahmt das junge Gesicht, die große, modische Brille, die die Augenpartie dominiert, verweist auf die Intellektualität ihres Trägers. Und auch die Behaarung der Beine ist geschlechtsspezifische Selbstverständlichkeit.

»Cette eau de toilette est la mienne. Aujourd'hui elle peut être la vôtre«, verkündete der ergänzende Text der Annonce. – Sie gehörte ganz ihm, die Duftkreation. Von dem Moment an aber könnte sie auch die Deine sein. – Der bescheidene Meister vervielfältigte und teilte das kostbare Liquid, seinen ganz persönlichen Duftschatz mit dem stilbewussten Volk.

Fast vierzig Jahre später wird erneut ein Designer alle Hüllen fallen lassen und Aufschluss über die Veränderung des (Hochglanz-)Männerbildes / die (mögliche) aktuelle Konstruktion von Maskulinität geben.

Marc Jacobs lässt sich 2010 für die Kampagne zu seinem Parfum *Bang* (Yann Vasnier / Ann Gottlieb) nackt und eingeölt auf silbrig-gold-reflektierender Rettungsfolie (»Space Blanket« von

Mylar, ursprünglich entwickelt für die NASA) liegend von Jürgen Teller ablichten: Eine Mega-Parfumattrappe zwischen seinen gespreizten Beinen. (»Jacobs hat den größten Flakon!«) Er hat sichtlich viel Zeit im Fitnessstudio verbracht, sein *Beach Body* zeugt davon; die Muskelpartien an Armen, Brust, Bauch und Beinen sind definiert. Sein Körper ist gebräunt, epiliert und popkulturreferenziell tätowiert (u. a. sind auf seiner Dermis figurativ The Simpsons, South Park, SpongeBob und M&M's dauerhaft bunt vertreten; über seiner linken Brust prangt das Wort »Shameless«). Der Designer als Posterboy trägt sein Haar kurz fassoniert, der Dreitagebart ist akkurat gestutzt. Einzige Accessoires sind goldene Ohrstecker und eine goldene Armbanduhr am linken Handgelenk.

In die Inszenierung des hedonistischen männlichen Körpers schreiben sich Kitsch, Camp, Trash, Porno, Mode, Pop – und eine große Portion männlicher Narzissmus ein.

> **Be like a man, man.**
> Old Spice, 2010

Kursorisch lassen sich als konventionsprägende Düfte in der modernen Parfumerie seit Ende des 19. Jahrhunderts die auf den männlichen Konsumenten ausgerichteten und allesamt heute noch (oder wieder) erhältlichen frisch-zitrischen Colognes (z. B. *Marlborough*, Geo F. Trumper, 1877; Penhaligon's *Blenheim Bouquet*, 1902), besagte Fougères (Houbigants *Fougère Royale,* 1882 oder Penhaligon's *English Fern,* 1910), pudrig-animalischen Düfte (*Mouchoir de Monsieur*, Guerlain, 1904), Lavendelwasser (*Pour Un Homme de Caron*, 1934), Russisch- und Spanisch-Leder-Kreationen (*Cuir de Russie*, L.T. Piver, 1939), pudrig-ledrigen Meisterwerke wie Cotys *Knize Ten* (1931), die frisch-würzigen und animalischen Klassiker Edmond Roudnitskas *Eau d'Hermes* (1951) und *Eau Sauvage* (1966), das frisch-herbe *Pour Monsieur* von Chanel (1955), ein Chypre, wie auch das pudrig-orientalische *Habit Rouge* (Guerlain,

1965) und das zitrisch-aromatische *Pour Homme* von Yves Saint Laurent (1971), die würzig-holzigen bzw. ledrigen Eaux de Toilette der 1970er-Jahre wie *Paco Rabanne Pour Homme* (1973), *Azzaro Pour Homme* (1978) und *Ted Lapidus Pour Homme* (1978) sowie das animalisch-würzige *Kouros* (Yves Saint Laurent, 1981), die süß-orientalischen *Opium pour Homme* von Yves Saint Laurent (Jacques Cavallier-Belletrud, 1995) und *Le Mâle* von Jean Paul Gaultier (Francis Kurkdjian, 1995) und der süße Gourmand *A*men* von Thierry Mugler (Jacques Huclier, 1996) festmachen.

Jahrzehntelang prägten freilich Rasierwässer wie das mentholig-grüne *Skin Bracer* von Mennen (1931), das frisch-herbe *Pitralon* (Karl August Linger, 1927), die würzig-holzigen *Old Spice* (Albert Hauck, 1938) und *Tabac Original* (Arturo Jordi-Pey, 1952), das alkoholisch-zitrische *Hâttric* (1963), das blumig-orientalische *Brut* (Karl Mann, 1964), das würzig-seifige *Sir – Irisch Moos* von 4711 (1969), in der DDR das kräuterfrische *Tüff* von Mawa (1946) sowie jenseits der Alpen beispielsweise das eukalyptische *Proraso* (1926) und der Italoklassiker *Pino Silvestre* (Lino Vidal, 1955) den Alltag der Herrenpflege, die Duftkultur der Wirtschaftswunderjahre. Sie fungierten gleichsam als typische olfaktorische (mehr oder weniger flüchtige) Signaturen des rasierten Mannes.

> I really love wearing perfume ... I switch perfumes all the time. If I've been wearing one perfume for three months, I force myself to give it up, even if I still feel like wearing it, so whenever I smell it again it will always remind me of those three months ...
>
> Andy Warhol

In den 1980er-Jahren wurde ein ganz eigenes Duftkapitel aufgeschlagen, sorgten doch neue Aroma-Chemikalien / Riechstoffe für prägnante Duftbotschaften (*Drakkar noir,* Guy Laroche, 1982; *Fahrenheit,* Dior, 1988) und puritanisch saubere, frisch-aquatische

Eaux de Toilette, begleitet von Werbeetats bisher nicht gekannten Ausmaßes für die Parfümierung der (juvenilen) Masse. (*Cool Water,* Davidoff, 1988; *Eternity,* Calvin Klein, 1989*: L'eau d'Issey pour Homme,* Issey Miyake, 1994).

»Introducing the World's first cologne excusively for gay men«, hieß es im Jahr 1978.

Von *Reo* (Reo Products, Orlando) hat man nie mehr wieder etwas gehört. (Und auch eine nähere Duftbeschreibung ist nicht überliefert.)

> A queer fragrance isn't about making a fragrance that is gay or trans, it's about any scent that has a concept inspired by LGBT+ culture. It could be as simple as a fragrance inspired by a queer icon, or maybe one that celebrates queer art. It's about telling the rich tapestry of stories within the history and culture of the LGBT+ community ...[29]
>
> Thomas Dunckley aka The Candy Perfume Boy

»Die Erwartungen der Männer an Düfte sind hauptsächlich, dass sie maskulin sein sollen, einfach zu tragen und frisch«, hat der Parfumeur Alberto Morillas (Firmenich) einmal festgestellt. Folgerichtig verdankt ihm die (Männer-)Welt unter anderem *CK One* (1994, gemeinsam mit Harry Frémont und Thierry Wasser), *Tommy* von Tommy Hilfiger (1994, gemeinsam mit Annie Buzantian) und *Acqua di Giò* (1996, als Kokreateure werden Annick Ménardo, Annie Buzantian und Jacques Cavallier-Belletrud genannt).

Die Verschränkung von Mode-, Schmuck-, Parfum- und Warenwelt, Imagetransfer und die spätere Entwicklung Richtung Massenmarkt hat seit den 1910er-Jahren eine immer wesentlichere Rolle gespielt. So wurde prototypisch Coco Chanels *Nº 5*, das seit

1920 auf dem Markt ist, mit der Distribution von »Parfums Chanel« durch Pierre Wertheimer, dessen Erben heute auch die Marke Chanel besitzen, 1925 ein erster weltweiter Erfolg.

Exemplarisch ließe sich das letzte Jahrhundert, wechselnde Duftthematiken und -präferenzen im Zeitraffer auch anhand von vier Herrendüften aus dem zweitältesten Pariser Parfumhaus Caron (heute im Besitz der Luxemburger Investmentfirma Cattleya Finance SA) erzählen: vom süßen Lavendel-Vanille-Klassiker *Pour Un Homme de Caron* (Ernest Daltroff, 1934) über den prägnanten würzig-holzigen *Yatagan* (Vincent Marcello, 1976), den weichen, grün-würzigen *Le 3ᵉ Homme* (Richard Fraysse, 1985) bis zum sauberen, aromatisch-frischen *Yuzu Man* (Richard Fraysse, 2011). – Allesamt Kompositionen, in die sich klar und deutlich der Zeitgeist und die Vorlieben des parfümierten Mannes eingeschrieben haben.

> The variety of representations of men and women in the perfume world represents a vision of identity as something optional; of the consumer as an individual who chooses goods to express his or her identity. This vision is itself performative.[30]
>
> Magdalena Petersson McIntyre

Ganz allgemein könnten Parfums – beziehungsweise konkreter: die Parfumkompositionen oder *Juices,* wie die Branche in den angelsächsischen Ländern die duftenden Liquids nennt – wahlweise als mimetische Inszenierung oder als kathartische gelesen werden.

Zielt der mimetische olfaktive Zugang auf die (scheinbare) Nachahmung primärsinnlicher Wirklichkeit (der Naturerfahrung), prägt und unterstreicht er mal gegenständlicher, mal abstrakter die Geschlechterrollen / -bilder und damit einhergehenden Hygiene-, Kosmetik- und Parfümierungsvorstellungen durch wiederkehrende Duftmarker (das Wilde / Kräftige eines *Paco Rabanne Pour Homme,* 1973; das Markante / Laute eines *Fahrenheit,* Dior 1988; das Saubere eines *Acqua di Giò,* Armani 1996; das Durchschnittliche / Nicht-weiter-Auffällige eines *Montblanc Individuel,* 2003; das Korrekte / Elegante eines *Terre d'Hermès,* 2006; so könnte die an der Katharsis geschulte Parfum-Performance Purgatorium zum Zwecke der (Duft-)Konventionsveränderung und -ausweitung – ganz im progressiven Sinne von Innovation, Geschmacksauslotung und Öffnung hinsichtlich neuer Ästhetiken und Genderthematiken –gesehen werden (das Polarisierende / Süße-Animalische eines *Kouros,* Yves Saint Laurent 1981; das Aufdringliche / Süß-Orientalische von *Le Mâle,* Jean Paul Gaultier 1995; das Kontroversielle / Süß-Gourmandige eines *A*men,* Mugler 1996; das gleichermaßen Abstoßende wie Anziehende / das faszinierend Perverse eines *50 ml d'Ambiguité,* Marlou, 2017.

Real Men Get More

Claim, Joop, Homme Extreme, 2014

Was aber nun ist ein »maskuliner Duft«? Stehen die gewisse »Rauheit«, die Kantigkeit der Textur, markante Akkorde, herbe Würzigkeit, Holznoten mit Leder- und Tabakaspekten, der Anflug von Animalität (körpernahen Aromen; evoziert durch Inhaltsstoffe wie Kreuzkümmel, Bibergeil, Zibet, Moschus), die bis Ende der 1970er-Jahre Duftkonventionen geprägt haben, heute noch olfaktorisch sinnbildlich für *Männlichkeit*?

Prolongiert das »pour Homme« auf dem Flakon eine (künstliche) Dichotomie in Bezug auf Gender oder erzählt es vielmehr von evolutionär-geprägtem, stereotypem Zielgruppenmarketing?

Generell könnte es sich bei einem als »maskulin« bezeichneten Duft um einen handeln, der aufgrund der Inhaltsstoffe (Duft-)Konventionen erfüllt, die erfahrungsgemäß eher Männer anspricht

(z. B. die Würzigkeit von Vetiver-, das Süßlich-Erdige von Eichenmoos oder das geräucherte Aroma von Birkenteer-Noten).

In jedem Fall sind Vorstellungen und Duftinterpretationen auch kulturell bedingt unterschiedlich; mancherorts sind Aromen eher »feminin« konnotiert, wohingegen sie in anderen Ländern als »unisex« wahrgenommen werden, oder unter »maskulin« firmieren. Die Grenzen verlaufen oftmals und zunehmend fließend.

Alberto Morillas fügt an anderer Stelle erläuternd an: »Längst finden sich in Parfums für Männer beispielsweise Blumennoten, die früher nur bei Damendüften zum Einsatz gekommen wären.«[31]

Bei dem markanten Männerduft *Jules* von Dior hat Jean Martel bereits 1980 auf einen gewagten Jasmin-Alpenveilchen-Kreuzkümmel-Auftakt gesetzt und wahlweise für Begeisterung oder für Entsetzen gesorgt.

Heute erstellen Duftexperten Listen der »Best Feminines for Men« und der »Best Masculines for Women«[32], Blogger und YouTuber Rankings von Top Five, Top Ten oder Top 20 der »Most Complimented Fragrances«, »Best Cheap Fragrances«, »Most Lasting Fragrances« oder »Fragrances for The Rest of My Life«. – Die Riechstoffkonzerne und Marketingabteilungen der Parfumhersteller widmen sich der Erziehung zur (marktkonformen) olfaktorischen Sprache, und das Gros der medialen Kommunikatoren verwendet sie artig / greift die Phraseologie auf / verbreitet sie.

Was David Mamet in seinem Buch *Richtig und falsch* in Bezug auf die Darstellende Kunst feststellt, trifft in großen Maßen auch auf die Welt des Parfums und die olfaktorische Wahrnehmung zu: »In Ermangelung des richtigen Reizes sind wir fähig, uns manipulieren zu lassen und uns selbst zu manipulieren, die Form für die Substanz zu halten. Aus Angst, gar keine Thrills geboten zu bekommen, lassen wir uns heruntergekommene, billige Thrills gefallen.«[33]

> Fragrances for men are mostly identical crap, designed to trap you. (...) Crap fragrance has been mostly the realm of the luxury-branded middle range (...) Do not be seduced by celebrities, by clever ad campaigns, by beautiful bottles and boxes, by high price tags, by exclusivity, by lush official descriptions, by exotic ingredients, by promises. Believe your nose only.[34]
>
> Tania Sanchez

Hinsichtlich persönlicher olfaktorischer Vorlieben, individueller Präferenzen gibt es keine vermeintlich geschlechtsspezifischen, PR- und marktinduzierten Barrieren: Es existiert kein Parfümierungsimperativ.

(Auf-)Getragen werden kann, was (syn-)ästhetisch anspricht / den persönlichen Geschmack trifft, wobei es lediglich und weiterhin um billige (im qualitativen und ästhetischen Sinne) olfaktorische Maskulinitätsurrogate, geschmacklose Kreationen eines ästhetischen *Als-Ob* einen Bogen zu machen gilt.

> There are just pleasing smells, displeasing smells and meh smells, and this varies from person to person, regardless of gender. The rest is either social conditioning or marketing.[35]
>
> Sali Hughes

Die wahren Abenteuer finden in der Nase statt.[36] Dort lassen die Duftmoleküle potenzielle Wirklichkeiten entstehen.

Alles ist möglich.

Parfum hat kein Geschlecht.

CRABTREE & EVELYN

Sienna (1991)

[GRÜNE NOTEN, ZITRUSFRÜCHTE, GEWÜRZE, LEDER]

Sienna ist dir zufällig begegnet. Bei Crabtee & Evelyn, jenem amerikanischen Unternehmen, das mit Einrichtungsgegenständen, Accessoires und Kosmetika Handel betreibt und mit der bürgerlichen Sehnsucht nach einem britischen Landsitz respektive Partizipation an englischer Gartenkultur punktet.

Die Artikel versprechen allesamt adeldurchtränkte Wohlfühlatmosphäre in Haus und Garten. Und für jeden gibt es das passende Weihnachtsgeschenk: Duftkerzen, Porzellan, Spieluhren, Stoffe, Decken, Taschen – und Creme für strapazierte Gärtnerinnenhände.

Kein Ort jedenfalls, an dem du ein passendes Eau de Toilette für dich vermutet hättest. (Wenngleich es sich beim Kauf dieses Duftes auch um eine paradoxe Handlung gehandelt haben muss, einer temporären Geschmacksverirrung geschuldet.)

Du hast dich wohl, von dem historisierenden Wappen, dem »By Appointment to HRH The Prince of Wales«-Insignium und dem Bildnis von zwei Jünglingen im Kostüm der Medici-Zeit angesprochen, sofort in die engen Gassen von Siena, Lucca und San Gimignano versetzt gefühlt.

Es war in Zürich, bei Regen. In der Altstadt, an einer unscheinbaren Ecke, an der sich mit einem Mal ein neues Duftparadies aufgetan hat, gleich einem magischen Zwischengleis nach Hogwarts.

Siena. In Schwarz-Weiß siehst du deine Mutter vor dem Dom stehen. Sie lächelt. Das Foto ist schlecht fixiert, riecht säuerlich; es ist gelb verfärbt, dunkelt immer noch nach. Es ist Sommer; die Sonne brennt vom Himmel.

Am frühen Abend dann kreischen die Mauersegler, stürzen sich in die engen Gassen, kreisen am Himmel, hoch über den Häusern.

Im Hotel, auf dem Kopfkissen findest du ein Stück Schokolade und einen handgeschriebenen Brief des Zimmerpersonals.

> Wohlgeruch des Himmels,
> auf den Gräsern,
> früher Abendregen
>
> Salvatore Quasimodo

Am nächsten Morgen schreibst du dem / der Unbekannten eine Antwort, legst die Nachricht aufs Kissen, bevor du zur Erkundung der Stadt aufbrichst.

Siena ist auch ein Pigment, gelb bis rotbraun (natur oder gebrannt).

Terra di Siena oder *Italienischer Ocker* verdankt seinen Namen seinem historischen Fundort, jenem Ort also, an dem du eine

Woche lang Liebesbriefe mit einem / einer dir Fremden ausgetauscht hast.

In deiner Erinnerung riecht Siena nach Putzmittel, nach frisch gemahlenem Kaffee, nach Autoabgasen, dem Staub vergangener Jahrhunderte und nach einem Menschen, dessen wohliger Duft immer noch im Zimmer lag, wenn du es am Abend betreten hast.

Sienna roch seifig, süßlich-warm. Da kam auch keine Holzigkeit mehr zum Vorschein, kein ergänzender Duftaspekt, keine weitere überraschende Nuancierung.

Sienna blieb simpel; einfach sauber; puritanisch. Die amerikanische Idee von *Good Old Europe*, von italienischem Flair und *Dolce far niente*.

Mancher denkt bei *Sienna* hinsichtlich des Aufbaus an *PS* von Paul Sebastian (1979), in Bezug auf Genre und Einsatzgebiet an Aramis' *Tuscany per uomo* (1984) oder Daniel Hechters *Caractère* (1989).

Es gibt Stimmen, die singen Loblieder auf *Sienna*. Sie nennen es ein Gesamtkunstwerk, denken an blühende Renaissancegärten und verweisen in dem Zusammenhang bisweilen gar auf die fantasiereiche Welt der Commedia dell'arte.

Diese Analogie aufgegriffen, ließe sich folgerichtig sagen: *Sienna* war, wie auch die Commedia, professionell, zum Zwecke des Geldverdienens gemacht und ist heute zum Mythos verklärt.

Eine begrenzte Anzahl von Akteuren hier wie dort; die szenische Wirkung im Vordergrund, für Vertiefung und Gehalt findet sich kein Platz auf der Bühne.

Das drohende dramaturgische Chaos löste sich auch bei *Sienna* wohl nur durch einen unerwarteten Zufall in (synästhetischem) Wohlgefallen auf.

Im Gegensatz zu den Figuren und Masken der *Commedia* aber befand sich *Sienna* nicht im ständigen Wandel. Kaum eine Note tanzte frech in den Vordergrund, verstand sich auf ein sinnliches Wechselspiel der Akkorde. Die einzelnen Akteure folgten brav einem Regisseur, ordneten sich einer (Reißbrett-)Idee unter, dem Konzept einer klassisch-italienischen Duftvorstellung.

> Wenn ich die aktuelle Parfumerie ansehe, so ist es eine Parfumerie der Eile. Die aktuelle Parfumerie folgt Trends und greift Formeln auf, die es schon gibt. Sie werden danach verbessert und modernisiert. Es gibt leider heute nur noch wenig Beweise für Intelligenz oder Virtuosität.[37]
>
> Jean-Claude Ellena

Nachdem sich die Hesperiden verzogen hatten, roch es ein wenig nach Lavendelseife, nach Heckenrosen, etwas Kümmel mit einer Prise Liebstöckel.

Für einen Lederduft waren kaum die üblichen Ingredienzen wahrzunehmen; warmes Holz suggerierte Harze, möglicherweise Pinien. Schließlich sollte in dem Duft ja Italien repräsentiert sein.

Sienna war manchmal nach vier, fünf Stunden, bisweilen auch erst nach sechs bis acht ohne Nachklang verdunstet.

Einmal abgesehen davon, dass es heute für dich kein Verlangen nach dieser olfaktorischen Verwechslungskomödie, inszeniert von Marketingmenschen einer US-amerikanischen Firma, gibt, nach einer nachgerade ideellen Duftinvasion in jenes Land, in dem die Wiege der europäischen Parfumeurskunst liegt, so wäre ein Duftauftragen, ein Nachsprühen auch nicht mehr so ohne Weiteres möglich, denn für *Sienna* ist der letzte Vorhang gefallen: Das Eau de Toilette wird nicht mehr hergestellt.

Diese Tatsache allerdings könnte es wieder zu etwas Besonderem machen. Denn: *Sienna* roch teurer, als es tatsächlich war.

Sienna mag kein besonders raffiniertes Eau de Toilette gewesen sein, die Komposition aber war auf eigenartige Weise auch interessant, verband sie doch Duftakzente, die wie selbstverständlich zusammengehörten, so aber in anderen Parfums nur selten kombiniert worden waren. Es duftete reich, schwer, verströmte keine klaren Noten, blieb kompakt, ambrisch, ohne zu süß oder allzu pudrig zu sein.

Man mag dem Duft allerdings auch vorwerfen, dass die Kombination der Inhaltsstoffe extrem empfindlich auf temperaturspezifische Veränderungen der Haut reagierte.

Sienna war wenig komplex. Und zuletzt empfandest du den Duft als unharmonisch, aufdringlich, geradezu *verkleidet*. (Eine Erscheinung in falschen Kleidern.) Eine olfaktorische Mogelpackung. Vielleicht lässt er sich ja tatsächlich nur mehr im historisierenden Kostüm (er)tragen.

Seine Entwicklung enttäuscht, wie jeher. *Sienna* war preiswert und roch letztlich in seiner diffusen Abfolge auch so; *Synthesize tonight!*

Die anderen Düfte von Crabtree & Evelyn lassen sich im Übrigen überhaupt nicht mit *Sienna* vergleichen. Hier dominiert Lavendel, dort Rose oder Maiglöckchen; und allem haftet eine aufdringliche Künstlichkeit an. Wie einem einfachen, prallen Duftsäckchen für den Wäscheschrank; parfümiert, um zu kaschieren.

> **Lieber will ich nach nichts,**
> **als lieblich riechen.**
> Marcus Valerius Martialis

Sienna wirkte in seinem Duftgestus wie ein neu renovierter Palazzo, dem man eine teure Instant-Patinaschicht verpasst hat, nachdem er von einem amerikanischen Hedgefonds aufgekauft worden war.

Sienna bleibt im Gedächtnis, der kurze Zauber aber ist klar vorbei. Du warst einem Image und dem Packaging auf den Leim gegangen, handelte es sich doch bei *Sienna* um ein 08/15-Eau de Toilette, wie es heute en gros in den Regalen jeder großen Parfumeriekette als Bulkware zu finden ist.

Ein letzter Rest *Sienna* steht in deiner Sammlung in einer hinteren Reihe, als Erinnerung an glückliche Tage einer kurzen, intensiven Fernbeziehung. Kein Duft, den du jemals wieder tragen wirst. Bisweilen aber öffnest du die Verschlusskappe, schnupperst am Hals des Flakons und fragst dich, wie es gewesen wäre, wenn ...

Wer für Crabtree & Evelyn *Sienna* (1991) verantwortlich zeichnet, ist nicht überliefert. Auf wiederholte Nachfrage reagiert das Unternehmen nicht. Crabtree & Evelyn, eine internationale Retailhandelskette, 1955 in Cambridge, Massachusetts gegründet, gehört heute zur Nan Hai Corporation, Hongkong. – *Sienna* wird nicht mehr produziert.

INTERMEZZO
Der wohlkomponierte Duft

Was aber ist ein *schönes Parfum?*[38]

Bei einem *wohlkomponierten Duft* handelt es sich nicht einfach um die simple Reproduktion von bekannten Aromen, die stereotype Verdichtung von Molekülen, sondern vielmehr um atmosphärische Interpretationen, die raffinierte Wirksamkeit entfalten. Er verführt mit einer vielstimmigen Duftnarration, die von der Poesie des Augenblicks, von Körperlichkeit und Attraktion und dem Vergehen von Zeit erzählt.

Ein *wohlkomponierter Duft* ist als olfaktorisches Accessoire feinsinniger Ausdruck von Stil. Er kommuniziert mit und über die Haut, und die Haut geht mit ihm in Resonanz. Als unsichtbare, duftende Couture aus ebenso faszinierender wie flüchtiger Textur verschränkt er Originalität und Schönheit einer Komposition, die subjektive Ästhetisierung des Alltags und die Strömungen der Moden mit zeitloser Eleganz.

Ein *wohlkomponierter Duft* versteht es, vielschichtige olfaktive Sensationen zu platzieren. Er ermöglicht / begleitet / verweist auf sinnliche Erfahrungen, die wir einmal gemacht haben, gemacht zu haben meinen, die wir machen könnten, gerne machen würden – oder womöglich auch niemals machen werden.

Ein *wohlkomponierter Duft* sorgt für Sinnlichkeitskaskaden im Indikativ wie im Konjunktiv, er öffnet atmosphärische Möglichkeitsräume für Empfindung und Imagination, ermöglicht einen Hauch von Transzendenz.

»Die Illusion ist dabei realer als die Wirklichkeit«, schreibt Jean-Claude Ellena, »der Schein glaubwürdiger als die Wahrheit.«[39]

In seiner harmonischen Vielschichtigkeit ist ein *wohlkomponierter Duft* weich und komplex statt stechend und scharf abgegrenzt, er nimmt sich Zeit für seine Entfaltung, sorgt für sanfte Sensationen mit mandalaartigen Übergängen. Er begeistert durch Differenzierungen sensitiver Nuancen und verzichtet auf brachiale Setzungen stumpfer Akkorde.

Jenseits der Paratexte (der Marketingnarration, der Metaphern zur Duftbeschreibung, der vorgeblichen Inhaltsstoffe und ihrer Einordnung in die sogenannte *Duftpyramide*) bietet sich ein *wohlkomponierter Duft* als olfaktorische Projektionsfläche an und kreiert freischwebende Duftillusionen.

(Warum das Festhalten am (scheinbar) Deskriptiven des Duftablaufs, das sich an einem mechanistisch-sezierenden Ansatz orientiert? Die von den Aromastoffherstellern tradierten Informationen und Metaphern wie auch die Denkschablone der Duftpyramide samt Einordnung in Kopf-, Herz- und Basisnoten suggerieren klare Klassifizierungen, lineare Abfolgen und natürliche Inhaltsstoffe, direkt der Pflanzenwelt entnommen. – Ganzheitliche, gleichzeitige Wahrnehmung und Vermittlung wie Deklaration des Synthetischen bleiben ausgespart.

Je naturidenter, wiedererkennbarer / reproduktiver die olfaktive Behauptung, desto größer die Begeisterung. – Wie anders wäre es, gäbe es auch von Seiten der Industrie wahrhaftes Interesse an der Entwicklung eines eigenen Vokabulars und neuer Vermittlungsmethoden, an (ästhetischer) Wahrnehmungsschulung und Wissenstransfer, an neuen (sprachlichen) Metaphern und Bildern, an einer diskursiven Reflexion von Geruchskonventionen und Konformismen und der Öffnung und Erfahrung der – nicht nur markt- und verkaufsorientierten – olfaktiven Sinneswelt.)

Bei einem *wohlkomponierten Duft* handelt es sich nicht bloß um ein flüssiges Gemisch aus Duftstoffen, sondern um ein olfaktorisches Enigma, das stimulierende Erregungsmuster hervorruft, subjektive Interpretation evoziert und individuelle Lesarten erlaubt. Er ist ausdruckgewordene Manifestation eines Phänomens, das vor dem Hintergrund jahrtausendealter Geschichte in unterschiedlichen Kulturen dazu einlädt, es immer wieder neu und noch reicher und vielschichtiger zu erfahren.

SALVATORE FERRAGAMO
Pour Homme (1999)

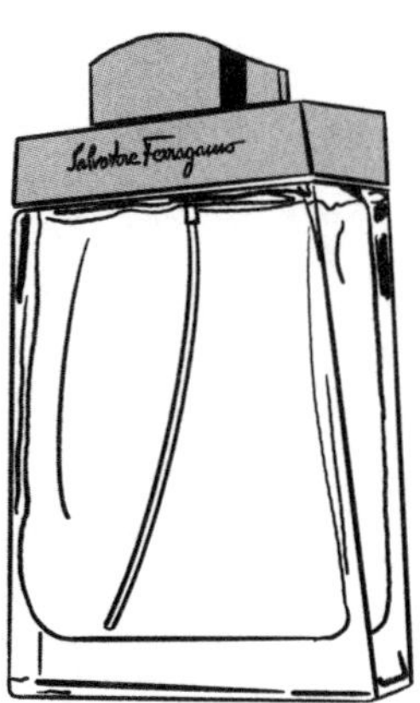

[ALPENVEILCHEN, FEIGENBLATT, ROSENGERANIE, GRAPEFRUIT, KÜMMEL, NEROLI, ROSENHOLZ, GARTENNELKE, IRISWURZEL, JASMIN, KARDAMOM, ROSE, EICHENMOOS, LEDER, MOSCHUS, SANDELHOLZ, VETIVER, ZEDER]

Als du ein kleiner Junge warst, hatten dein Onkel und deine Tante einen alten Gutshof in Südfrankreich, unweit der spanischen Grenze.

Für euch Kinder war es ein Paradies, für eure Verwandten bedeutete das Anwesen freilich viel Arbeit, galt es doch den Wein zu ernten, regelmäßig auszureiten, mit dem alten 2CV zum Einkaufen auf den nahen Markt zu fahren und allabendlich Freunde zu bewirten.

Dieser Ort kam dir immer wie eine andere Welt vor; hier lebte es sich ganz anders als bei euch in der Stadt; und jeder Tag brachte neue Eindrücke.

> Meine Mutter schenkte uns schon als Kinder Parfums von Dior. Ich erinnere mich an »Eau Savage«, das in den späten 60er-Jahren auf den Markt kam. Nach dem Sport sprühte ich mich gern damit ein. Damals hat mich die Frische in den Bann gezogen, der intensive Zitrusduft, der Geruch von überwältigender Natur. Mein Bruder und ich durften uns an den Flakons bedienen, wie wir wollten, nur eines schärfte uns meine Mutter ein: Nie davon trinken![40]
>
> Frédéric Malle

Deine Schwester und du, ihr konntet es kaum erwarten, bis es endlich Abend wurde und ihr ausreiten durftet. Man konnte in alle Richtungen reiten, bis die Tiere oder man selbst müde wurden, ohne zu befürchten, einem Auto zu begegnen.

Auf dem Anwesen gab es Feigenbäume. Und Feigen gab es bei euch im Sommer in jeder erdenklichen Variante: als Marmelade zum Frühstück, als Nachtisch auf dem köstlichen Kuchen von Madame Bernadette, der Haushälterin. Bisweilen habt ihr die Früchte von den Bäumen gepflückt und sogleich an Ort und Stelle verspeist.

Du kanntest also den Duft von Feigen sehr gut, als du *Salvatore Ferragamo* zum ersten Mal gerochen hast.

Edel und hochwertig war das Eau de Toilette, eher rar. Es spielte virtuos alle Töne, mit Neigung zum Fruchtigen und Grün-Holzigen unter dem Dach des Feigenblatts.

Die Sillage war ausgewogen, nicht raumfüllend. Die Haltbarkeit perfekt, um am nächsten Tag auch wieder etwas anderes auflegen zu können.

Und später dann begleitete diesen Duft eine weitere Erinnerung: die an eine unerwiderte Sommerliebe auf Kreta.

> Der Geruchssinn arbeitet auf mysteriösere Weise als das Auge.[41]
>
> Thierry Wasser

Du gingst durch Paleochora, und dann hast du ihn wahrgenommen. Du weißt es noch genau, er brannte sich dir zunächst negativ ein. Während des Flanierens durch den Ort, an den Strand und zurück zum Haus deines Onkels warst du genervt, regelrecht verstört von diesem opulenten, viel zu süßen, einnehmenden Feigensaft auf der Haut jenes dir unbekannten und begehrten Menschen.

Auch heute noch, Jahre danach, sucht dich diese Erinnerung bisweilen heim. Das unvermittelt bonbonhaft Packende, likörartig Eigensinnige strömt wieder in deine Nase wie damals, hämmert gegen deinen *Bulbus olfactorius.*

Viel zu viel Feige, verglichen mit dem sehr feinen, eleganten *Dune pour Homme* (Dior, 1997). Auch Neroli, Gartennelke, Rose und Alpenveilchen – was für ein Aroma! –; allen voran jedoch: die dominierende Feige.

Ihre synthetische Künstlichkeit empfandest du damals zunächst als Affront, allzu vordergründig schien sie dir um Aufmerksamkeit zu heischen, und wenngleich du den Duft heute differenzierter betrachtest, so konntest du dich doch mit dieser Aufdringlichkeit, der Gewaltigkeit der ohnehin schon gewöhnungsbedürftigen, facettenreichen Aromapalette anfangs nicht so recht anfreunden.

Ferragamo vermochte es, sich nach bereits einer Stunde noch eine Nuance grüner und herber zu präsentieren, wahrte allerdings weiterhin seine opulente, konzentrierte Feigennote.

Doch du bliebst zunächst weiterhin bei Diors feinem, ausgewogen komponierten *Dune pour Homme,* wenn du wieder mal Sehnsucht nach dieser fleischigen Frucht auf deiner Haut verspürtest.

> Schönheit kennt keine Grenzen, es gibt keinen Sättigungspunkt des Designs.
> Salvatore Ferragamo

~

Wenig später schon reihte sich dann unvermeidlich doch noch einer jener wunderschön torsionsgedrehten Flakons in deine Sammlung ein.

Und immer schwebte nach dem Auftragen eine zarte, süße Wolke Feige-Himbeere über einem Nelken-Zedern-Meer durchs Badezimmer.

(Auch weiterhin hattest du nie eine Feige gegessen, die auch nur annähernd nach *Salvatore Ferragamo* roch.)

Du hieltest auch bei diesem wie bei vielen anderen Düften die Unterteilung in Kopf-, Herz- und Basisnoten für ein obsoletes aromasuggerierendes Marketingtool, eine entbehrliche Fleißaufgabe für Ahnungslose.

War der leichtfüßige kopflastige Alkohol erst einmal verdunstet, begeisterte der Duft in seiner vielschichtigen Charakteristik, einer beeindruckenden Polyphonie aus Bewegungen, Wechselwirkungen und verzaubernden Abfolgen der einzelnen Noten; von dezent fruchtig bis würzig-holzig, und all dies auf einem Bett von Leder.

Frühlingshaft und sehnsuchtsvoll war es der Melodie dieses Kunstwerks eigen, sich in der Zeit harmonisch neu zu definieren und mit Raffinesse weiterzuentwickeln, dabei komplexeste Manöver zu vollziehen und seinem Träger stets neue, ungeahnt sinnliche Erfahrungen zu verheißen.

The paradox and beauty of perfume is that it operates on multiple levels: the rational and the irrational; the visceral, the cognitive and the aesthetic.[42]
Barbara Herman

Ferragamo war auf eine ganz spezielle Art und Weise eigenwillig, wie du sie sonst nur von *Déclaration* aus dem Hause Cartier (Jean-Claude Ellena, 1998) kanntest. (Eine klare Aussage, eine wunderbare Verkündung.) Nicht wegen einer möglichen Ähnlichkeit der Duftbausteine, vielmehr aufgrund jener wohltuend reinigenden, leicht medizinisch-aseptischen Aura, die einen unmittelbar nach den Sprühstößen umgab.

Salvatore Ferragamo Pour Homme blieb dir ein wichtiger, im besten Sinne immer auch präsenter Begleiter; kein simples *Refreshment* für jede Gelegenheit.

Dieser Duft wollte mit dem nötigen Respekt behandelt werden. Nur zu bestimmten, ausgewählten Anlässen, in besonderen Konstellationen konnte er getragen werden. Banalitäten des Alltags waren ihm zutiefst zuwider; er legte rauschhaften Genuss à la *Dolce Vita* nahe.

Für den Alltag war er zu pompös, fürs Freizeitvergnügen zu prägnant, zu forsch, und bei der Abendgestaltung lenkte er dann doch die Aufmerksamkeit zu sehr auf seine Dominanz, entpuppte sich trotz all seiner kompositorischen Verfeinerung und Subtilität als zu vordergründig effektiv.

Ein wenig schien es, als wäre dieser großartige Duft aus der Zeit gefallen. Die Schönheit dieser Parfumharmonie hätte, gerade auch hinsichtlich charakteristischer Unverwechselbarkeit und Entfaltung in der Zeit, durchaus auch schon in die 1970er- und 1980er-Jahren gepasst. (Und da eventuell auch schon als Wiederaufnahme beziehungsweise Neuinterpretation eines Klassikers der 1920er-, 1930er-Jahre.)

Ferragamo war wohltuend »altmodisch« und hatte schlicht zu spät das Licht der Welt erblickt. Das Zeitfenster für seine flüchtige Existenz hatte sich schon vor seiner kurzen Marktpräsenz bereits wieder geschlossen gehabt. Das Schicksal eines benjaminschen Duft-Flaneurs; leicht verdreht, verträumt, bis zum Flaschenhals erfüllt von blitzhaften Ereignissen, Erinnerungen,

Träumen, Klängen, Bildern, für deren Entwicklung und Betrachtung es Kontemplation bedürfte. Umgeben aber war dieser geschmackvolle Außenseiter bereits von einer Welt des omnipräsenten Image-Duftgetöses, dem ultimativen Marketingrauschen, von Identitätsversprechungen und der Konsumverheißung auf Instantbefriedigung.

> We have created a collection that will disrupt gender roles and give the carrier an opportunity to explore new sides of themselves ... For a generation who demands the freedom to choose ... Multiple personalities have never looked so sexy!
>
> Dolce & Gabbana

Du selbst verspürst heute zwei- bis dreimal im Jahr das Verlangen, den tröstlich-familiären Duft aufzutragen. Dann, wenn die Tage kürzer werden und die Dunkelheit zunimmt; im späten Herbst und um die Weihnachtszeit.

Trotz seltener Verwendung hältst du auch heute noch das Eau de Toilette aus dem Hause des bereits 1960 verstorbenen italienischen Schuhdesigners und Erfinders des Keilabsatzes für etwas Einzigartiges, sehr Wertvolles; eine persönliche Signatur mit individuellem Wiedererkennungswert, die Idee einer untergegangenen Welt von (Hollywood-)Glamour, von Extravaganz und Modebewusstsein, die Repräsentation von zeitloser und stilvoller Kleidsamkeit.

Seine hell leuchtende Seltenheit und unwiederbringliche Besonderheit hatte sich letztlich nur einem kleinen Kreis von Connaisseuren in einer Nische des Parfum-Universums so richtig erschlossen.

Jean-Pierre Mary, der Parfumeur, dem wir dieses facettenreiche Kleinod höchstwahrscheinlich zu verdanken hatten, schuf damit ein viel zu früh wieder verschwundenes und zu Unrecht in Vergessenheit geratenes Highlight der Marke, ein olfaktorisches Landmark auf dem Terrain des ausufernden Mainstream-Mittelmaßes.

Einen, der anders war. Anders als die gefälligen Konsensdüfte wie *CK One* (Calvin Klein, 1994), *L'Eau d'Issey* (Issey Miyake, 1994) oder *Acqua di Giò* (Armani, 1996). Die beiden letzteren Duftdauerbrenner, gleichsam die kleinsten gemeinsamen Nenner der Frischekultur der 1990er, stammen im Übrigen von ein und demselben Parfumeur, dem Franzosen Jacques Cavallier-Belletrud, seit 2016 Maître Parfumeur bei Louis Vuitton.

Der schicke, in sich gedrehte Flakon von *Ferragamo* gab die Richtung vor. Unumwunden, einer, der polarisierte; er sperrte sich gegen voreilige Einordnungen, allzu bemühte Vergleiche und abgenutzte Sprachbilder.

Als markantes Duft-Statement der Neunziger, das noch den Geist der 1970er-Jahre in sich trug, verfügte er über einen eigenständigen Charakter mit Ecken, mit Kanten.

Frischer, natürlicher und anschmiegsamer schien die Feige, wie bereits erwähnt, in *Dune*, zarter, grünblättriger in *Philosykos,* dem »Feigenfreund« von Olivia Giacobetti (Diptyque, 1996), zitrisch-frisch, süß-herber und klarer in *Blue Mediterraneo – Fico di Amalfi* (Acqua di Parma, 2006).

Im *Ferragamo* aber duftete sie beständiger, war sie konsequenter, auf ästhetisch wertvollste Weise ins Gesamtensemble integriert.

Ferragamo weckte Sehnsucht nach Sonne. Und doch war er kein Duft für den Sommer.

Ich bin glücklich über die wohlriechende Luft, die ich atme.[43]
Maine de Biran (1815)

Du hast in ihm keinen feurigen Italolover, keinen »klassischen Italiener« gesehen, vielmehr einen, der langsam erobert, einen, dessen Absichten man erst mit Verzögerung erkannte und dem man allmählich immer mehr Vertrauen schenkte, bevor man ihm dann olfaktorisch verfallen war.

Diesem Duft wie auch anderen in Form von Vintage-Beständen wiederzubegegnen, heißt, in eine Zeit einzutauchen, in der das neue Millenium noch als verheißungsvolle Zukunft vor euch und der Parfummarkt noch nicht nahezu zur Gänze in den Händen weniger großer Player lag.

Die ockergelbe Farbe lockt im Flakon, der immer noch gut in der Hand liegt. – *Salvatore Ferragamo Pour Homme* gibt auch heute noch ganz den stolzen Italiener.

Es gilt lediglich, den oval abgerundeten Verschluss vom schlichten, silbernen Kragen mit dem vertrauten Schriftzug zu nehmen und den Sprühkopf zu betätigen ...

One of a kind!

Ein Hoch auch auf all jene Düfte, die heute vergessen sind oder es niemals auch nur über die Anfangshürden auf den Markt geschafft haben. Und auf all jene, die ihre Aufmerksamkeit der Parfumkultur widmen, mit Wertschätzung und Begeisterung, ganz einem längst vergessenen *Gentlemen's Agreement* verpflichtet:

Es ist eine Kunst, gut zu riechen.

Wer *Salvatore Ferragamo Pour Homme* (1999) komponiert hat, wird vom Unternehmen nicht kommuniziert. Auf Anfrage hieß es, diese Information sei »strictly confidential«. Einem Hinweis eines Parfumeurkollegen zufolge handelt es sich um eine Auftragsarbeit des weltgrößten Herstellers von Aromen und Duftstoffen, der Schweizer Firma Givaudan (Vernier). Beim Parfumeur soll es sich um Jean-Pierre Mary handeln. Salvatore Ferragamo S.p.A. / Salvatore Ferragamo Group ist bis heute ein familiengeführter Konzern mit Sitz in Florenz, der auch die eigenen Parfums vermarktet. – *Salvatore Ferragamo Pour Homme* wird nicht mehr produziert.

EMANATIONEN
Postscriptum

Überraschendes, Neues tut sich auf; die Parfumeurskunst erlebt in den letzten Jahren eine Neorenaissance, im Rahmen derer auch den Urheber*innen der Kompositionen, den Parfumeur*innen, veränderte Aufmerksamkeit zukommt. Diese treten gleichsam mit ihrer Autor*innenschaft, ihrer persönlichen Signatur als Künstler*in in Erscheinung und bestätigen, was Jean Cocteau einst poetisch auf den Punkt gebracht hat: »Parfums sind Symphonien und Parfumeure sind Komponisten.«

In den Nischen eines industriell umkämpften Massenmarktes – allein zum größten Kosmetikhersteller der Welt, *L'Oréal,* gehören heute unter anderem folgende Marken und Lizenzen: Atelier Cologne, Valentino, Helena Rubinstein, Biotherm, Lancôme, Kiehl's, Giorgio Armani, Cacharel, Ralph Lauren, Viktor & Rolf, Diesel, Yves Saint Laurent, Maison Margiela, Paloma Picasso, Vichy und Roger & Gallet[44] – präsentieren kleine Firmen raffinierte Düfte; qualitativ wertvoll, ästhetisch ansprechend, sinnlich.

Ob ein großer Name oder ein kleiner, unbekannter Hersteller, Aftershave, Cologne, Eau de Toilette oder Parfum, Fougère oder Chypre, zitrisch, blumig, holzig, orientalisch, voller Leder- oder Gourmandnoten, würzig, aldehydisch, komplex oder reduziert-minimalistisch, klassisch, reformuliert oder absolutes Novum: Wenn ein Duft dich anspricht, dir das Gefühl gibt: »Das ist es!«, dann vertraue darauf und auf das Oxymoron *Weniger ist mehr.* – Es geht schließlich um olfaktorische Eleganz oder Beduftungskatastrophen an der Fluchtschwelle.

»Unsere Sinne nehmen nichts Extremes wahr. Zu viel Lärm macht uns taub, zu viel Licht blendet uns. Die extremen Mengen sind unsere Feinde. Wir empfinden nichts mehr, wir leiden.«[45]

Blaise Pascals Gedanke gilt auch für die Anwendung von Parfum. Die Schönheit eines Dufts, sein ureigener Charakter und seine Qualität können angesichts eines Zuviel unvermittelt Zeichen der Impertinenz und des Vulgären setzen. Die richtige Dosierung entscheidet über Anmutung (der *auratische Effekt* eines Dufteindrucks) oder Zumutung (die polternde Penetranz einer heftigen Geruchsattacke).

> **Wenn man Wohlgerüche bei sich trägt, verschließt man sie stets in kleinen Fläschchen, aus Sorge, diejenigen, die sie nicht mögen, zu inkommodieren.**[46]
>
> Daejaen (1764)

Wenn wir uns vom Getöse des Marketings, der normierenden Kraft von Werbepräsenzen und -behauptungen, von verführerischen Lifestylekonzepten und stereotypen Verkaufsargumenten sowie der Dominanz des schlechten Geschmacks (der Vulgarität des vermeintlichen Luxus), von geschmacklosen, uninspirierten, überkonzentrierten Parfums – der *violence olfactive*, der *olfaktorischen Gewalt*, wie Edmond Roudnitska es genannt hat[47] – nicht beeindrucken lassen, sondern uns vielmehr ganz auf ausgewählte Kompositionen konzentrieren und uns auf die spezielle Wirkung einlassen, den ein ganz bestimmter Duft auf unserer Haut zu entfalten vermag, dann kann sich sein mögliches, individuell stimmiges Potenzial für uns entfalten.

> **Jede Erfahrung der Schönheit – so kurz und die Zeit doch transzendierend – führt uns jedes Mal zurück zu der Frische des Morgens der Welt.**[48]
>
> François Cheng

Ein Duftbouquet, mit dem wir in Resonanz gehen, umschmeichelt uns, begleitet uns, passt sich uns an, verändert sich mit uns – und es verändert uns. Es erzählt von dem Bild, das wir von uns haben, und dem, das wir von uns zeigen / entwerfen möchten, von unseren Erfahrungen und Fantasien, Überzeugungen und Sehnsüchten.

Und manchmal ist ein schöner Duft auch einfach nur ein schöner Duft.

Der Trend zur organischen und nachhaltigen Manufakturproduktion ist aktuell mehr als ein zukunftsweisender Lichtblick. Er zeugt von einem Umdenken, setzt auf einen wertschätzenden Umgang mit Ressourcen und verheißt Freunden der Duftkultur neue sinnliche Erfahrungen.

Die Erinnerungen an Vertrautes verflüchtigen sich niemals gänzlich.

Der Zukunft aber wachsen neue Nasen.

(Das dir heute noch unbekannte Parfum flüstert leise: *Take your time ...*)

EXKLUSIVE PARFUM-CHRONOLOGIE

Ausgewählte Herrendüfte

Alle im Folgenden erwähnten Parfums haben etwas gemeinsam: Sie haben in ihren jeweiligen Erscheinungsformen die Aufmerksamkeit des Autors auf sich gezogen, ihn mehr oder weniger lange begleitet. Sie verstanden es, olfaktorische Resonanzen hervorzurufen, im besten Fall zu berühren, zu begeistern oder für positive Irritation zu sorgen. Vielfach hat auch die historische Bedeutung zur näheren phänomenologischen Erkundung eingeladen.

Selbst wenn die genannten Parfums aufgrund der Anpassung an Zielgruppen und herrschende Konventionen sowie veränderter Gesetzeslagen, was die Verwendung von Inhaltsstoffen betrifft (u. a. Verbot von Eichenmoos oder von tierischen Inhaltsstoffen wie Zibet und Bibergeil durch die IFRA – International Fragrance Association), über die Jahrzehnte adaptiert und – mehr oder weniger behutsam – weiterentwickelt wurden, so ist das Datum ihres Ersterscheinens erwähnenswert, lässt es doch duftspezifische und kulturrelevante Rückschlüsse zu.

Auch die Namen der Parfumeur*innen sowie die Firmen, die hinter der Vermarktung der Produkte stehen, finden in der Listung Berücksichtigung, denn selbst bei der kleinen subjektiven und eher eklektizistischen Auswahl wird erkennbar, dass es sich immer wieder um dieselben Akteur*innen und dahinterstehenden (Big-)Player, Aroma- und Riechstoffkonzerne – allen voran: Givaudan (Vernier), Firmenich (Genf), Symrise (Holzminden), IFF (New York), Takasago (Tokio) – sowie (Mode-)Markenhersteller und Inverkehrbringer / Distributeure handelt.

Die Nennungen erfolgen zeitlich aufsteigend ohne Klassifizierung oder Ranking, ohne Kategorisierung in »Haute Parfumerie«, »Nischenduft«, »artisan perfume« und »Massenmarkt« und ohne Anspruch auf Vollständigkeit.

Dasselbe Parfum kann, abgesehen von seinem Alter und / oder möglicher Reformulierung, je nach Ort, Zeit, Witterungsbedingungen und persönlicher Stimmung anders wahrgenommen werden. Subjektive Vorlieben, wie auch die Düfte und ihre konkreten Manifestationen, unterliegen natürlich Veränderungen. – Persönliche Empfehlungen sind mit einem vorangestellten * versehen.

*** Marlborough** Geo F. Trumper (1877): Ein frisches, würzig-holziges Bouquet mit Historie. Auch im 21. Jahrhundert ist dieser britische Klassiker erhältlich. Für den Gentleman von heute; natürlich vertrauenserweckend; zeitlos und stilvoll. – Tradition mit Klasse. *[www.trumpers.com]*

*** Fougère Royale** Jean-François Houbigant (Paul Parquet, 1882): Historischer Archetyp und Namensgeber der sogenannten Fougères, der grünen, farnigen Düfte. Frisch, aromatisch-ausgewogen mit dezent würzigem Drydown (die späte Phase des Duftes). Ein charmantes Cologne, das gemeinhin, und nicht zuletzt durch die erstmalige Verwendung von synthetisch hergestelltem Cumarin, den Ursprung der modernen Parfumerie markiert. Das Bouquet aus Lavendel, Holz, Eichenmoos, Bergamotte und dem genannten Cumarin war einstmals ein zukunftsträchtiger Entwurf und beschwört heute kollektive Nostalgie: Mit einem Mal befinden wir uns in Paris um 1900, bewegen uns auf der Straße der Zukunft (»Rue de l'Avenir«), dem Rollenden Fußweg der Pariser Weltausstellung, sanft-gleitend durch die Stadt. *Fougère Royale* ist 2010 wiederauferstanden, der wertige Flakon ist Resultat eines gelungenen Redesigns. – Alles in allem: ein frisch-grünes, ausgewogenes Revival mit Stil. *[Vermarktung: Perris Group]*

Eau de Lavande J.B. Filz & Sohn (Johann Baptiste Filz, 1892): Ehemals ein gefragtes Cologne, das, so erzählt Frau Filz, die elegant-resolute Besitzerin von Wiens ältester Parfumerie, wohl auch zum Lieblingsduft des österreichischen Schriftstellers Heimito von Doderer gezählt haben soll und folglich Einzug in seinen Roman *Die Strudelhofstiege* gefunden hat. 2009 wurde es anlässlich des 200-jährigen Firmenjubiläums gemäß Originalrezeptur wiederaufgelegt. Drei verschiedene Lavendelarten aus drei unterschiedlichen Höhenlagen vermengen sich mit sanfter Rosennote. Auf ein Fixativ dürfte verzichtet worden sein; *Eau de Lavande* ist zart und sehr flüchtig. – Eine Duftbotschaft aus einer Zeit, in der der Parfummarkt noch um einiges beschaulicher gewesen ist, die Dominanz der Duftpyramide nicht alles und jeden in der Duftwahrnehmung beeinflusste, und Projektion (die Reichweite des Duftes), Sillage (die Duftspur im Raum) sowie ein ausgeklügelter Drydown (die späte Phase des Duftes) nicht alles war. – Klassisch, einfach, naturnah. *[www.parfumerie-filz.at]*

Blenheim Bouquet Penhaglion's (William Penhaligon, 1902): Ein frisch-zitrisches Eau de Toilette; viktorianisch gesittet, klassenbewusst gepflegt. Die einen nennen den Duft »altbacken«, die anderen sprechen von »Tradition«. – Historisch in jedem Fall. – Schön, dass es das noch immer gibt. *[Vermarktung: Puig]*

Mouchoir de Monsieur Guerlain (Jacques Guerlain, 1904): Aristokratisch-pudrig, krautig und auf ebenso irritierende Art körperlich wie antiquiert: ein klassisches Cologne, das, sobald die vordergründigen zitrisch-frischen Kopfnoten verflogen sind, eine ganz eigene staubig-abgestandene Würzigkeit entwickelt. Als würdest du an einem vor Jahrzehnten parfümierten, leicht müffelnden Stofftaschentuch riechen, das du in der Innentasche eines auf dem Flohmarkt entdeckten Gehrocks aus dem letzten Jahrhundert gefunden hast. Museale Altherren-Pudrigkeit mit Intimitätssuggestion. Faszinierend. *[Vermarktung: LVMH]*

*** Acqua di Parma Colonia** Acqua di Parma (1916): Klassisches Eau de Cologne; sommerfrisch-zitrisch. Heute sind diverse Flanker / Aromaversionen erhältlich. Ein Garant für unaufdringliche, stilvolle Luxuskonzern-Gepflegtheit. *[Vermarktung: LVMH]*

Ambrée Authentique Mont St. Michel (1920): Ein Duft, den man immer wieder zur Hand nehmen muss, um sich zu vergewissern, dass man ihn auch tatsächlich richtig in Erinnerung hatte. (Diese süß-schwere Synthetiknote erregt einfach immer wieder die Aufmerksamkeit.)

Ein alter Duft in neuen Flaschen, entdeckt bei einem Aufenthalt in Südfrankreich. Aus der Zeit gefallen: die Riesenhaftigkeit des gläsernen Erscheinungsbildes (250 ml), das eher Pomade oder Schnaps denn ein traditionelles Eau de Cologne als Inhalt vermuten ließe.

Bei *Ambrée Authentique* handelt es sich um ein bernsteinfarbenes Duftwasser, das von *damals* zu erzählen scheint, von jener Zeit vor der »Demokratisierung des Parfums«, von der Unerschwinglichkeit großer Parfums und der Sehnsucht all jener Französinnen und Franzosen, die den Wunsch hegten, ihren Alltag wohlriechend zu bestreiten. Der Umstand, dass dieses Duftwasser in großen Mengen günstig hergestellt wird, wird erst gar nicht durch unnötig ästhetisierendes Packaging oder gar künstliche Verknappung der Füllmenge verschleiert. Mit einem Preis zwischen € 7,30 und € 13,89 für 250 ml ist *Ambrée Authentique* skurril günstig und gibt eine Ahnung davon, welche Gewinne mit durchschnittlich teuren Produkten erzielt werden. Eine potenzielle Zitrus-Lavendel-Bergamotte-Frische-Dusche mit synthetischer Amber-Behauptung war jedenfalls noch nie so erstaunlich billig wie in diesem Fall. Interessant, nach dem Auftragen: die zurückhaltende, weiche Süße, die angenehm eigentümliche Ambrifizierung, die würzig warm-weiche Dezenz in der Entwicklung und im (eher flüchtigen) Abgang. Wäre der *Ambrée-Authentique*-Flakon aufwendiger designt und würde der Duft unter dem Image eines namhaften (Mode-)Labels firmieren: Das Publikum würde ihn, geblendet vom Auftreten, anders und neu wahrnehmen und wohl vor Freude jauchzen. (Es lohnt jedenfalls, sich die Wertigkeit der historischen Flakons in

Erinnerung zu rufen, um der Duftwahrnehmung einen Spin in edlere olfaktorische Referenzgefilde zu geben.) – Die traditionelle Parfum-Manufaktur Mont St. Michel ist mittlerweile freilich in der Schwarzkopf-&-Henkel-Gruppe aufgegangen. *[Vermarktung: Henkel France]*

Pitralon Pitralon (Karl August Linger, 1927): Herb-würziges Rasierwasser auf Nadelholzteerbasis. Entwickelt vom Hersteller, der 1892 das bekannte *Odol*-Mundwasser auf den Markt brachte. *Pitralon* ist eines der bekanntesten Rasierwässer Nachkriegseuropas und wird in unterschiedlichen Zusammensetzungen von verschiedenen Anbietern angeboten. Der Markenschutz ist mittlerweile ausgelaufen. *[Das Original wird weiterhin von Pitralon, Schweiz vertrieben.]*

⁂ Knize Ten Knize (François Coty, Vincent Roubert, 1931): Der pudrige Klassiker; ein Botschafter aus alten Tagen der gediegenen Modesalons; von der Stange und doch maßgeschneidert elegant. Als hochwertiger und beeindruckender olfaktorischer Marker, Prototyp des exklusiven Herrendufts. Ein Meisterwerk des Begründers der modernen Parfumeurskunst François Coty. – Trotz wechselhafter Zeiten und unruhiger Firmengeschichte ist der Duft auch heute noch erhältlich. Er erscheint unverändert stimmig. Und das ist gut so. – Hochklassisch. *[Vermarktung: Knize Parfumeur GmbH München]*

⁂ Pour Un Homme de Caron Caron (Ernest Daltroff, 1934): Der Lavendelwunder-Klassiker im traditionellen Flakon; würzig-frisch, elegant; für den gepflegten Auftritt. Ein süßer Duft, der angenehm aus der Zeit fällt. Nach dem kräftigen Lavendelauftakt begleitet die pudrige Tonka-Vanillebasis. – Passt perfekt zum Dreiteiler. *[Vermarktung: Cattleya Finance SA]*

Old Spice Procter & Gamble (Albert Hauck, 1938): Shultons Handelsmarke war ein weltweiter Erfolg und sorgte jahrzehntelang für den Barbershop-Touch des gepflegten Mannes; würzig, allgegenwärtig. 2016 reformuliert und nicht mehr wiederzuerkennen. *[Procter & Gamble]*

Cuir de Russie L.T. Piver (o. A., 1939): In der aktuell (noch) erhältlichen Version zunächst süß-opulent, überschwer. Auf der Haut entfalten sich dann Zitrusaspekte und penetrante Gewürzakkorde. Die ursprünglich für Russisch-Leder-Kompositionen essenziellen Aromen von Birkenteer (verantwortlich für die geräucherten, ledrigen Noten) und Eichenmoos sind nicht (mehr) auszumachen. Strenge synthetische Süße, die unmittelbar Übelkeit erregt und spontane Fluchtreflexe auslöst. (Heute auch in der adaptierten Version *Cuir* erhältlich.) *[Cuir de Russie ist online bei verschiedenen Anbietern gelistet.]*

*** Tüff Nr. 2** Mawa (o. A., 1946): Würzig-herber Aftershave-Klassiker aus Thüringen. Die Herstellerfirma Mawa wurde 1972 verstaatlicht und dem Kosmetikkombinat eingegliedert, nach der Wende beantragte der frühere Eigentümer die Rückübertragung des Betriebs. *Tüff* ist im Zuge der Ostalgiewelle mittlerweile als Retroprodukt unter anderem bei einer deutschen Drogeriekette wie auch bei einem großen Versandhandel erhältlich, der die »guten Dinge« feiert. »Tüff, bekannt und beliebt, pflegt, glättet, entspannt die Haut nach der Rasur und hält sie frei von Unreinheiten«, heißt es in einer historischen Annonce. – Sympathisch selbstverständliche Frisierstubenanmutung, ohne aufdringlich zu sein. Und das Ganze für überraschend wenig Geld. (Auch in der parfumfreien Version *Nr. 1 – sensitiv* erhältlich.) *[Vertrieb: Mawa]*

*** Acqua di Selva** Visconti di Modrone (Victor, o. A., 1949): Ein italienischer Cologne-Klassiker, der mit seiner klaren Alkoholfrische und herben Würzigkeit stilprägend war. Verpasst den Gesichtskonturen nach der Rasur auch heute noch den perfekten olfaktorischen Kräuterschliff. *[Vermarktung: Perfelena]*

Orange Spice Creed (James Henry Creed, 1950): Einer jener Düfte aus dem Hause Creed, die anmutende Hochwertigkeit ausstrahlten und auratische Eleganz besaßen. Einer, der seinem Namen alle Ehre gemacht hat. – Einstmals eine spezielle Empfehlung für den pfiffigen Traditionalisten: konservativ mit Scharf. *[Leider vergriffen]*

**** Eau d'Hermès** Hermès (Edmond Roudnitska, 1951): Ein außergewöhnlicher Duftklassiker, der zur näheren Lektüre, zu einer gediegenen Landpartie hoch zu Ross und ausgedehnten (Erinnerungs-)Reisen einlädt. Sehr persönlich und charakterstark; ungewöhnlich körperlich und stilvoll kleidsam. Die zitrisch-würzige Frische eines klassischen Colognes weicht im eindrucksvollen Verlauf einer Syntax aus styraxgetränkten Noten, die ein kostbares Bouquet würzig-weicher olfaktorischer Projektionsflächen und -räume öffnen, in denen der Hauch des Animalischen anklingt; zart und verführerisch, sinnlich einnehmend. Parallele olfaktorische Komplexitäten verzaubern: Was sich entfaltet, riecht wie Kräuter, Stall und Kindheit. Das Bouquet umschmeichelt mit einem Hauch frisch gespitzter Buntstifte; angenehm vertraut. Ein Duft, von dessen Ausstattung wundersame Anziehung ausgeht. Ich beobachte die Lust, immer wieder und weiter daran zu riechen, sinnliche Duftspuren zu erkunden, möglichen Verläufen und Projektionen zu folgen. *Eau d'Hermès* ist – unter all den gelungenen Neuerscheinungen des Hauses Hermès, den großartigen Kompositionen von Jean-Claude Ellena und jenen von Christine Nagel – der stille EdT-Grandseigneur; zeitlos wie ein großer französischer Roman, der stets durch neue, erweiterte Lesarten zu überraschen versteht, begeistert, bewegt. – Jene, die über Parfum schreiben, nennen *Eau d'Hermès* unisono ein Meisterwerk, einen historischen Meilenstein der Parfumeurskunst. – Und nichts anderes ist diese exquisite Komposition Edmond Roudnitskas (Der zusammen mit seiner Frau Thérèse für *Moustache* (Rochas, 1949) und mit dem gemeinsam gegründeten Studio *Art et Parfum* unter anderem für *Eau Sauvage* (Dior, 1966) und *Ocean Rain* (Mario Valentino, 1990) verantwortlich zeichnete). – Was für eine Freude, diesen Duft immer noch und immer wieder riechen und mit ihm die unvergleichlich beglückende olfaktorische Ästhetisierung des Lebens feiern zu können. (Die aktuelle Version hat etwas von der einstigen, sinnlichen Mehrdeutigkeit verloren, ist sauberer, etwas glatter geworden. – Eine olfaktive Offenbarung immer noch; allemal.) *[Erhältlich im standardisierten Hermès-Flakon.]*

Tabac Original Mäurer & Wirtz (Arturo Jordi-Pey, 1959): Der bundesdeutsche Herrenpflegeklassiker der Wirtschaftswunderjahre; würzig-seifig. – Altmodische Duftkultur im besten Sinne. *[Vertrieb: Mäurer & Wirtz]*

*** Pour Monsieur** Chanel (Henri Robert, 1955): Elegant-frischer Chypre; klar, schnörkellos, distinguiert. Verschiedenfach reformuliert, in unterschiedlichen Auflagen und Konsistenzen erhältlich; stets dezent. Gälte es nur ein einziges Eau de Toilette im Bad zur Geltung zu bringen, es wäre wohl *Pour Monsieur* (Freilich ohne aktuelle blassgraue Kunststoff-Verschlusskappe, die der Qualität des Klassikers nicht gerecht wird). – Ein zeitloses Meisterwerk mit pudriger Unverwechselbarkeit; stilvollendet. *[Vermarktung: Chanel]*

*** Vétiver** Guerlain (Jean-Paul Guerlain, 1959): Mittlerweile einer unter vielen; und doch einer, der anders ist als all die anderen: ein edler Herrenduftklassiker, der frische Hochwertigkeit und würzige Weichheit verströmt; verführerisch, wohltuend. – Ein Original, dem die Zeiten nichts anhaben können. Auch in der Reformulierung eine klare Empfehlung. *[Vermarktung: LVMH]*

*** Eau de Cologne Fraîche** Bien-Être (o. A., 1974): Die durchaus empfehlenswerte zart-würzige Cologne-Entdeckung in einem französischen Supermarkt an der Atlantikküste: eine unscheinbare 250-ml-Flasche mit hellgrün gefärbtem Inhalt, der, ist der vordergründige Trägeralkohol erst einmal verdunstet, auf der Haut natürlich anmutende Rosmarin-Verveine-Frische verströmt. Unverblümt, ohne Komplexitäten, unaufgeregt. Einfach: gepflegt. Erhältlich ab € 4,56 (!) und in seiner Zurückhaltung wohlriechender als so manch sündhaft teure Markennamen-Kassenschlager. Empfehlenswert als würzig-frisches Aftershave. 2017 ist übrigens *Thé Ambré Bergamote* von Bien-Être erschienen; komponiert von Aliénor Massenet, von der u. a. auch das würzig-rauchige *Replica – Jazz Club* (Maison Martin Margiela, 2013) und das grün-ledrige *Cuirs Nomades – Irish Leather* (Memo Paris, 2013) stammen. *[Vermarktung: L'Oréal]*

Eau Sauvage Dior (Edmond Roudnitska, 1966): Herb-frischer Klassiker. Altbewährter 60's-Signature-Scent, der Duft der olfaktiven Rebellion von mittlerweile mehreren Generationen. Das erste Parfum, bei dem der synthetische, patentierte Riechstoff Hedion verwendet wurde, so wird gerne betont. Heute immer noch im Originalflakon von Pierre Dinand erhältlich, ist das kostbare Liquid leider in seiner Reformulierung aufgrund herrschender Verbote von Inhaltsstoffen an gängige Trends angepasst worden. Er scheint nun unspektakulärer, durchschnittlicher und flacher; zugrechtgestutzt, artig. Da fehlt der reizvolle Pepp des Widerständigen, des ursprünglich für antikonventionelle Furore sorgenden etwas »Dreckigeren«. Die unsaubere Animalität, die unvermittelt auf den Körper und seine Ausdünstungen verweist / zurückwirft und die sich durch Edmond Roudnitskas Werk zieht. Der Parfumeur, ein früher Kritiker der Marktmechanismen und Zielgruppenorientierung, würde wohl die Nase rümpfen ob dieses grün gefärbten *braven Wassers.* – Zum Glück bleiben uns noch die Spuren von Animalität in seinem *Eau d'Hermès* (Hermès, 1951) und die der breiten Öffentlichkeit bisher noch verborgen gebliebenen Online-Restposten seines *Ocean Rain* (für Mario Valentino, 1990). *[Vermarktung: LVMH]*

*** Aramis** Aramis (Bernard Chant, 1964): Der charakterstarke, reife Chypre-Duftklassiker von der Nase, die u. a. für *Aromatics Elixir* (Clinique, 1971) verantwortlich zeichnet; würzig-süß, körpernah (animalisch), raffiniert komplex. Der erste Männerduft, der im Kaufhaus erhältlich war. Ein Konsens- / Mainstreamduft, der seit Jahrzehnten zu zahlreichen Nachahmern inspiriert hat und weiterhin weltweit verkauft wird. In der aktualisierten Version weniger vielschichtig; so ist u. a. die zarte Urin-Note nahezu verschwunden. Was freilich nicht unbedingt ein Nachteil sein muss. *Aramis* bleibt vorbildhaft, oft kopiert und nie erreicht. Ein Duft der positiven Distinktion. – Für den pubertären Teenager allerdings eher nicht das passende Geburtstagsgeschenk. *[Vermarktung: Estée Lauder Companies]*

Spanisch Leder H.G. Lettner & Söhne (o. A., 1964): Die gelungene österreichische Interpretation einer europäischen Erfolgsformel; würzig und wundersam; süßlich warm und körperlich (animalisch). *[Nicht mehr erhältlich]*

Grès pour Homme Grès (o. A., 1965): Ein herb-frisches Aftershave, das seiner Zeit in Bioqualität voraus war; vertraut und natürlich harmonisch. Ganz speziell, das klare, anregende Aroma, die überzeugende Ausgewogenheit der Komposition und überraschende Stabilität der natürlichen Inhaltsstoffe. *[Leider vergriffen]*

Sir – Irisch Moos 4711 (o. A., 1969): »Altmodischer Oldschooler, muffig und langweilig«, sagen die einen, »würzig-grüner Wohlfühlduft, der immer noch das Potenzial von früher hat«, die anderen. Ein frisch-krautiges Aftershave mit (groß-)väterlichem Touch allemal. Wirkt älter, als es tatsächlich ist. *[Vertrieb: Mäurer & Wirtz]*

*** Equipage** Hermès (Guy Robert, 1970): Ein beeindruckender Klassiker; frisch, herb, trocken-würzig, elegant. Olfaktorische Inspiration respektive originäre Blaupause für unzählige Herrendüfte der 1970er-Jahre und darüber hinaus. *Equipage*, das erste dezidierte Männer-EdT im Portfolio des ehemaligen Sattlerunternehmens aus Paris, ist Garant für statuskonformes Eintauchen in eine Parfümierung des Understatements, eine (Duft-)Welt des stilvollen Savoir-vivre. Was für eine Freude: die warme Weichheit, die zarte Harmonie, die faszinierende Ausgewogenheit der komplexen Komposition. Da drängt keine Note ungeordnet in den Vordergrund, alle bleiben sie wohltemperiert im Wechselspiel des Ganzen eines edlen trockenen aromatischen Bouquets, in der subtilen Gesamtheit eines charakterstarken Duftgespanns; perfekt miteinander verwoben. Dieser Duft ist wie ein teures Steckenpferd, das man auf keinen Fall mehr missen möchte. Markant und gleichzeitig zurückgenommen: die wohlkomponierte Poesie der Moleküle, die sich fortwährend zu entziehen, ihrer allzu deutlichen Zuordnung / Benennung widersetzen zu wollen scheinen. In der aktualisierten Version gewürzbouquetreduziert und etwas weniger tiefgründig, betont er im Auftakt die Aldehyd- und Zitrusnoten und verströmt in der weiteren Entwicklung harmonische, würzig-holzige Eleganz mit floralen Aspekten. Weiterhin ein zeitlos modernes Meisterwerk von Guy Robert (u. a. *Monsieur Rochas*, 1969, *Gold Man*, Amouage, 1983). Ein nahegehender, reifer, im besten Sinne gepflegt-konservativer Herrenduft. (Der im Übrigen – wie auch *Bel Ami* (1986) – stilistisch perfekt zur Vintage-Lederjacke passt.) *[Erhältlich im standardisierten Hermès-Einheitsflakon]*

* **Pour Homme** Yves Saint Laurent (Raymond Chaillan, 1971): Orientalischer Chypre-Klassiker, der mit seinem geballt zitrisch-frischen Auftakt und den würzig-animalischen Akkorden für Erfolge sorgte. Der imagebildende Akt zum Produkt hat Parfumgeschichte geschrieben, Yves Saint Laurents ikonografische Nacktheit die ästhetische Vollendung seines Colognes auf den Punkt gebracht. *Pour Homme* wurde 2011 in der *Collection YSL* von L'Oréal wiederaufgelegt, allerdings seiner ganz speziellen Eigenart in Erscheinung und Ausstrahlung beraubt. Statt weicher Verwobenheit der Aromen zu einem harmonischen und körpernahen Duftganzen herrscht in der Reformulierung spitze, synthetische Zitrusbehauptung mit stumpfer, penetranter Plastikbeinote. Es scheint ganz so, als gälte es, die letzten Fans dieses einstmals stilprägenden Klassikers zu vergrämen, um das großartige olfaktorische Vermächtnis Yves Saint Laurents – dessen ausgewiesener Lieblingsduft *Pour Homme* gewesen sein soll – stillschweigend vom Markt verschwinden zu lassen. *[Vermarktung: L'Oréal]*

G-man Gainsboro (o. A., 1971): Frisch-würziger Zeitreisender mit Déjà-vu-Effekt – oder vielmehr *Déjà-senti*-Effekt. Ein herber Barbershop-Klassiker, der durch seine epochale Seifigkeit und den Touch des angenehm Vertrauten, seine Haltbarkeit und Sillage besticht. Ein Duft wie ein väterlicher Freund. Wird oftmals aufgrund seiner Seifen- und Moschusaspekte mit *Aigner N°2* (1976) verglichen. *G-man* bleibt aber Favorit. Klassische Gepflegtheit, reife Leistung. – Sparsam verwenden! *[Vermarktung: Juvena / Troll Cosmetics]*

* **Pour Monsieur** Pierre Cardin (o. A., 1972): Ein zu Unrecht in Vergessenheit geratener und vielfach unterschätzter Duftbotschafter aus den 1970er-Jahren, der im phallischen *Space-Age*-Flakon als cardinsche »Gebrauchsskulptur« – die 238-ml-Flasche! – stolz seinen Platz in der Parfumgeschichte behauptet; floral-würzig, tröstlich süß und wohltuend vertraut. Ein ideales Präsent für Väter, Großväter, Urgroßväter – und ganz allgemein: den reifer gewordenen Mann. *[Erhältlich im Internet, zumeist über Anbieter in Frankreich, Großbritannien oder den USA]*

* **Paco Rabanne Pour Homme** Paco Rabanne (Jean Martel, 1973): Seifig-würziger Fougère-Klassiker: ein väterlicher Freund, ein olfaktorischer Begleiter wie auch *Azzaro Pour Homme* (1978). Ein All-time-Favorit mit erstaunlicher Point-of-Sale-Präsenz über die Jahre. Ein immer noch beindruckender Duftmeilenstein, der trotz wechselnder Moden, Trends und Konkurrenz, unzähliger Kopien und Reformulierung seine ausdrucksstarke Eigenart bewahrt hat und nicht unterzukriegen ist. *Pour Homme* wird es noch geben, wenn *1 Million* längst in Vergessenheit geraten ist. – »What is remembered is up to you.« (Historischer Claim, *Paco Rabanne Pour Homme*) *[Vermarktung: Puig]*

* **Aramis 900** Aramis (Bernard Chant, 1973): Sanft-herber, blumig-würziger Klassiker eines Parfumeurs, der mit seinen Kreationen Duftgeschichte geschrieben hat. Ein zurückhaltendes, harmonisches Statement der gepflegten Sauberkeit; unaufdringlich,

niveauvoll, wohltemperiert. Ein überaus angenehmer, körpernaher Begleiter. Erinnert mit seinen zart eingewobenen floralen Noten an das Lieblingsparfum meiner Lieblingsgroßtante: Kein Wunder, stammt ihr *Aromatics Elixir* von Clinique doch auch von Bernard Chant (1971).

Wäre *Aramis 900*, über dessen Namensgebung selbst in Fachkreisen heute noch gerätselt wird, das Projekt einer angesagten Design-Manufaktur, fancy verpackt und mit einer peppigen Story versehen: Diese vergessene, aus der Zeit gefallene Preziose würde auch in der aktuellen Version für Furore sorgen. Ein seifig dezenter Geheimtipp-Klassiker im Back-up-Portfolio des Parfumgiganten. – Nichts wie Augen zu beim austauschbaren Packaging und unaufgeregt (wieder-)entdecken! *[Vermarktung: Estée Lauder Companies]*

Gentleman Givenchy (Paul Léger, 1974): Frisch, würzig und unauffällig. Ist in seiner Reformulierung zu einem unscheinbaren Durchschnittsduft geworden. War einst das warme Würzig-Rauchige die Besonderheit, so ist *Gentleman* heute keine ganz so prägnante Erscheinung mehr. Gleichzeitig stiller und spitzer, verwechselbarer geworden, lässt sich allerdings selbst mit dem verbliebenen Rest von Stil nicht allzu viel falsch machen. – In seiner Zurückhaltung (Sillage, Haltbarkeit) immer noch ein Gentleman. Ernsthaft passabel. *[Vermarktung: LVMH]*

Eau de Campagne Sisley (Jean-Claude Ellena, 1974): Frischgrün; spritzig. Ein Duft, der vor lauter Grün fröhlich stimmt. Üppiges Frühwerk des späteren Meisters der Reduktion. Eine erfrischend-krautige Landpartie, bei der freilich auf (synthetische) Sauberkeit geachtet wird. – Idealer Sommerduft. *[www.sisley-paris-com]*

Grey Flannel Geoffrey Beene (André Fromentin, 1975): Seifig-grüner, krautig-würziger Polarisierer; günstig, eigenwillig und altmodisch. Von »muffig« und »griesgrämig, missgelaunt« über »bügelfrisch, aber kalt wie ein Fisch« bis »unerwartet zutraulich« reichen die Zuschreibungen: Die einen verwünschen ihn in die Vergangenheit, die anderen wünschen ihm eine lange Zukunft. – Männer, die Geoffrey Beene zu schätzen wissen, bevorzugen mitunter das frisch-würzige *Bowling Green* (1987). *[Vermarktung: Elizabeth Arden / Revlon]*

* **Yatagan** Caron (Vincent Marcello, 1976): Ein warmer, würzig-holziger, vertrauter Duft; eigensinnig, charakterstark. Eine raffinierte olfaktorische Botschaft aus den 1970er-Jahren, die sich wie ein umfangreicher Roman erst durch die genauere Lektüre allmählich in der Zeit erschließt. Die zurückhaltend präsente, wunderbar ausgewogene Aura umgibt ein Hauch von grün-herber Holzigkeit, die von süßlichen Ledernoten geprägt ist. – *Yatagan* ist geheimnisvoll und bleibt doch angenehm unprätentiös. *[Vermarktung: Cattleya Finance SA]*

* **Marbert Man** Marbert (Raymond Chaillan, 1977): Ein zeitlos harmonischer Garant für Oldschool-Gepflegtheit; floral-seifig, herb-würzig. Schmiegt sich an die Haut und passt unmittelbar, weich wie ein frisch gewaschenes, noch bügelwarmes Unterhemd, in das man an einem Herbstmorgen schlüpft. Ein Duft, dessen Parfumeur Raymond Chaillan für einige große, heute allerdings in Vergessenheit geratene Kompositionen der 1970er-Jahre verantwortlich zeichnet. Chaillans Kompositionen prägt eine mit der Haut auf ganz besondere Weise kommunizierende, sinnlich-körperbetonte olfaktorische Handschrift. So stammten u. a. das ansprechende, feinwürzig-ledrige *Monsieur Couturier* – Couturier (1976), das unaufgeregt elegante, zitrisch-holzige *Monsieur de Rauch* – De Rauch (gemeinsam mit Jacques Bercia, 1966) oder das zitrisch-würzige *Monsieur Carven* – Carven (1978) von ihm. Seinem *Pour Homme* für Yves Saint Laurent (1971) wurde zuletzt in einer kaputtreformulierten Version durch Estée Lauder der ureigene Charakter und die Ausstrahlung genommen. – *Marbert Man* ist und bleibt ein Klassiker und kommuniziert diesen Umstand nun auch in seiner offiziellen Bezeichnung: ganz nah am Original gebaut, ist der Eau-de-Toilette-Meilenstein aus Düsseldorf aktuell

als *Marbert Man Classic* erhältlich. – Unaufdringlich gegenwärtig. *[Vermarktung: Beauty Brands International, Straub GmbH]*

Ghibli Atkinsons (o. A., 1978): Ein würziger Chypre mit einer wunderbaren Spur von Wundpflastermomenten, ganz offensichtlich ein Verwandter von Köbi Wiesendangers *Avant de Dormir* (1979), Galitzines *Mon Homme* (1982) und Edouard Fléchiers *Montana Parfum d'Homme* (1989). Alle vier sind mittlerweile leider zu Phantomen gewordene ehemalige Manifestationen kräutrig-holziger Ausgewogenheit. Gleichsam zurückgenommen und doch ungemein präsent evozieren ihre Duftschatten noch heute Projektionen mehrstimmiger Würzigkeit und narrative Mysteriosität. *[Nicht mehr erhältlich.]*

*** Azzaro Pour Homme** Azzaro (Gérard Anthony, Martin Heiddenreich, Richard Wirtz, 1978): Fougère-Klassiker im braunen Flakon von Pierre Dinand. Die Urversion von *Azzaro* war weicher und harmonischer bei gleichzeitiger Präsenz von zitrisch-herber Frische und holziger Würzigkeit. Es war vielschichtiger, weniger direkt, nicht so stechend und scharf abgegrenzt, sorgte für parallele Sensationen mit sanften Übergängen, statt zurückgenommener, linearer Akkordabfolgen. Heute etwas »verwässert«, auf artiger getrimmt; dennoch – und ohne Best-of-Rankings zu erstellen: Nicht nur Luca Turins All-time-Favorit. – Gleich nach Roger & Gallets *L'homme*, der aus derselben Duftfamilie stammt, versteht sich. *[Vermarktung: Clarins]*

Polo Ralph Lauren (Carlos Benaïm, 1978): Der würzig-grüne Klassiker. Der erste aus dem Hause Ralph Lauren; zeitlos wie das Poloshirt. Ein sportlich-herber US-Duftveteran, der auch in der Reformulierung seine treue Anhängerschaft auf dem Green versammelt. Zunächst ungewöhnlich in seiner Würzigkeit, drängt allerdings das artifizielle Grün zunehmend in den Vordergrund. Alles in allem bleibt Polo heute doch etwas flach und synthetisch, und in seiner Behauptung von *Klasse* dann einfach zu amerikanisch / puritanisch. *[Vermarktung: L'Oréal]*

Lagerfeld Classic Karl Lagerfeld (Ron Winnegrade, 1978): Herbwürzig, delikat. »Schwülstig«, sagen die einen, »charakterstark« die anderen. Heute, wie könnte es auch anders sein, freilich reformuliert. Nach seinem zwischenzeitlichen Verschwinden auch im Drogeriemarkt wieder präsent, bleibt er auffällig anders als der Mainstream, der ihn umgibt. Eine Entwicklung vom aldehydisch-grünen Auftakt hin zur Amber-Tonkabohne-Vanille-Pudrigkeit mit lange noch nachklingender weicher Bienenwachsnote. *Lagerfeld Classic* ist, obwohl angepasst und zurechtgestutzt, vielen immer noch zu opulent. Einst postmoderner Barock, heute: süß-nostalgische Reminiszenz. – Eine reizvolle historische Parfumnarration. *[Vermarktung: Interparfums]*

Loewe Pour Homme Loewe (Marcel Carles, 1978): Zitrisch-aromatisch, würzig erlesen. Einst als *Loewe para hombre* eingeführter Herrenduft-Erstling des spanischen Modeunternehmens, das heute zum LVMH-Konzern gehört. Beeindruckt durch wohltuend elegante Präsenz bei gleichzeitiger projektiver Unaufdringlichkeit. Sein weich-warmes Gewürzarrangement verströmt mit holzigen Untertönen (Vetiver) natürliche Vertrautheit; selbstverständlich, kleidsam, souverän und überaus tröstlich. Very gentlemanlike. Wie hat doch ein *Pour-Homme*-Aficionado einmal so schön angemerkt? »Woher kommen wir? Wohin gehen wir? – Ganz gleich, auf dem Weg kannst Du diesen Duft tragen.« *[Vermarktung: LVMH]*

Niki Lauda Niki Lauda / FlorBath, (o. A, 1978): Frisch-würzig, herb-rauchig; ein zur Zeit seines Marktauftritts wohl auf den Massenmarkt schielender Herrenduft, der von der Bekanntheit des ehemaligen österreichischen Rennfahrers, damals auf dem Höhepunkt seines Formel-1-Ruhms, profitieren sollte. 1976 hatte Lauda seinen spektakulären Crash auf dem Nürburgring, 1979 folgte die Lancierung dieses Dufts. Lauda, Geschäftsfeldpionier auf vielen Gebieten, war wohl einer der ersten Sportler überhaupt, der geschicktes Image- und Crossmarketing mit seinem Namen betrieben und – unter anderem – ein gelabeltes / gebrandetes Parfum auf den Markt gebracht hat. Lange bevor die ersten Tennisspieler wie Gabriela Sabatini, Steffi Graf und Andrew Agassi ihre Liebe zum Duftmarketing und Parfumbusiness entdeckten und infolge Fußballspieler ihr Popstar-Image in eine »ganz persönliche« Duftlinie einfließen ließen und stadionwellentaugliche Parfums auf den Markt brachten (Beckham, Ronaldo), hatte die Motorsport-Galionsfigur mit der legendären »Parmalat«-Schirmmütze schon einen guten Riecher für neue Businessideen.

Das nicht mehr erhältliche EdT, entstanden als anonyme Auftragsarbeit bei einem Riech- und Aromastoffanbieter, erscheint heute mit seinem speziellen Bouquet, in das sich Benzinnoten, ein Hauch von Rauch und Gummiabriebaspekte einschreiben, als Konzeptkunstwerk. Jetzt wissen wir auch, von welchem olfaktiven Streckenposten Didier Gaglewski sich für sein 2014 erschienenes *Cambouis* (»Schmieröl«) inspirieren ließ. – Eine originelle Rarität mit deutlicher Bremsspur. *[Vergriffen]*

*** Eau d'Orange Verte** Hermès (Françoise Caron, 1979): Unaufgeregter, zeitloser Cologne-Klassiker, der durch die Jahre begleitet, durchaus im Badezimmerschrank in Vergessenheit geraten kann und unvermittelt seine nächste Verwendung nahelegt. Ein beständiger Vermittler monothematischer Zitrusfrische, die ganz einfach guttut. *[Erhältlich im standardisierten Hermès-Flakon]*

Avant de Dormir N°1 Köbi Wiesendanger (1979): Die Duftpyramide als Flakonform: Köbi Wiesendangers vielschichtiges Cologne, würzig mit einem sanften Hauch aseptischer Noten, ist ein flüchtig beglückender Gruß aus der Designerküche der späten 1970er-Jahre. – Heute leider vergriffen. *[Vergriffen]*

Jules Christian Dior (Jean Martel, 1980): Ein außerhalb Frankreichs weniger bekanntes, zunächst penetrant blumig-süßes Cologne von Dior, das zur etwaigen (Wieder-)Entdeckung einlädt. Ein solch antiquiert anmutendes blumiges Jasmin-Alpenveilchen-Nelken-Bouquet ist rar in der Geschichte des Herrenparfums. Jean Martel, dem Parfumeur, der auch für *Paco Rabanne Pour*

Homme (1973) verantwortlich zeichnet, hat hier überaus markante Arbeit geleistet. Auch in der aktuell erhältlichen Version mit heftigen Ecken und Kanten; ziemlich herausfordernd und alles andere als vordergründig oder gar gefällig. Der warm-weiche würzig-animalische Drydown entschädigt für den floral-polarisierenden Auftakt. Großartig, und in jedem Fall einen näheren Blick wert: die Original-Werbekampagne, bei der das Haus Dior einmal mehr auf den bekannten Modeillustrator René Gruau gesetzt hatte: *The Wild One* à la française. *[Vermarktung: LVMH]*

Jacomo de Jacomo Jacomo (Christian Mathieu, 1980): Warm-würziger Orientale in Vollendung. Eine faszinierende erdig-rauchige Gewürz-, Leder-, Gummimischung mit antiseptischer Beinote. *Jacomo de Jacomo* überzeugt als wohltemperierter Neomystiker in seiner zeitlosen Andersartigkeit, souveränen Eigenwilligkeit und sinnlichen Wärme; stets ausgewogen, nie penetrant oder gar zu süß. Ein olfaktives Masternarrativ für so manch düsteren Nischenduft à la *Black Afgano* von Nasomatto (2009) oder *Io Non Ho Mani Che Mi Accarezzino Il Volto* von Filippo Sorcinelli (2017). – Ein Meisterwerk, das die Dunkelheit des verwechselbaren Parfum-Mainstreams erhellt. *[Vermarktung: Sarbec Laboratories]*

*** Kouros** Yves Saint Laurent (Pierre Bourdon, 1981): Ein Klassiker, der auch heute noch zu polarisieren versteht. Unübertroffen in seiner ganz speziellen lauten Zartheit und Animalität. Moment, riechen wir da nicht auch Plastik, angeschmort und mit Putzmittel fixiert, anschließend im uringetränkten Heu des Pferdestalls eingelegt? – Ganz offensichtlich ein naher Verwandter von Roudnitskas animalischen Noten in *Eau d'Hermès. Kouros* scheint dessen Intensitäten auszuloten, und eine zugespitzte, potenzierte Lesart von *Eau d'Hermès* anzubieten. (Und nicht zuletzt dürfte Marlous herrlicher Duft-Affront *50 ml d'Ambiguité* (2017) von der *Kouros* eigenen Erotik kräftig inspiriert worden sein.) Faszinierend, die floral-abgestandene Weichheit, die warm-ledrige Würzigkeit samt sich aufbäumenden, nicht zu fassenden sinnlich-körperlichen Noten. Auf der Haut verwandelt sich der süß-herbe Stallgeruch, begleitet von zarten aseptischen Momenten, nach und nach in zarte, urheimatliche Vertrautheit. »Außergewöhnlich«, sagen die begeisterten Geruchsaficionados. »Gewöhnungsbedürfig« die kritischen Stimmen – auch noch im vierten Jahrzehnt seiner speziellen Existenz. »Geht gar nicht«, stellen diejenigen fest, die sich durch die geile Körperlichkeit einfach nur provoziert fühlen und an klassischen Geruchskonventionen festhalten möchten. – Einfach großartig allemal, dass dieser Duft über die Jahre seinen Platz behaupten und inmitten all der olfaktiven Farblosigkeit der Parfum-Konsensware Kraft seiner unorthodoxen Präsenz – im buchstäblichen Sinne – herausstechen kann. Wenngleich heute auch reformuliert, neumodelliert und im Vergleich zur Urversion etwas zurechtgestutzt: *Kouros* bleibt einzigartig eigenwillig. – Et vraiment sexy. *[Vermarktung: L'Oréal]*

* **Antaeus** Chanel (Jacques Polge, François Demachy, 1981): Süßbalsamisch; krautig-grün; mit klarem Wiedererkennungseffekt. Bisweilen entfaltet er allerdings auf der Haut ein allzu synthetisch anmutendes Blütenaroma (Jasmin). Schön in jedem Fall diese Gummischleifspur und das zarte Grün im ledrigen Nachklang. Wenngleich die Verwandtschaft zu *Kouros* in den balsamisch-animalischen Momenten nicht zu leugnen ist, so könnte es sich dabei doch auch um ein mit den Jahren gekipptes klassisches, süß-orientalisches Damenparfum handeln. – Und dieser Aspekt hat durchaus etwas Reizvolles. Ein kräftiges Meisterwerk aus dem Hause Chanel, das auch in seiner Reformulierung noch zu überzeugen versteht und in jedem Duty-free-Shop präsent ist. (*Antaeus* ist im Übrigen auch bei jungen Menschen bekannter, als man zunächst vielleicht annehmen würde.) *[Vermarktung: Chanel]*

* **Cacharel pour L'Homme** Cacharel (Gerard Goupy, 1981): Frisch-würzig, zart floral-holzig; charaktervoll, elegant. Ein edler Begleiter, der mit Ausgewogenheit und durch Zurückhaltung punktet. Er entzieht sich und er verschenkt sich gleichermaßen. Ein Parfumkunstwerk, dessen harmonische Akkorde auf der Haut zur finalen Reifung zu gelangen und dort ein seltenes

Spektakel zu ermöglichen scheinen: den Tanz der Moleküle in der Aura, wabernde Präsenzen der Sinnlichkeit. In jedem Hauch der faszinierenden Projektion vermittelt *Cacharel pour L'Homme* wohlkomponierte Exklusivität. Ein Duft, dem ein olfaktorisches Geheimnis innewohnt, der auf wundersame Weise zu locken und ungeahnte Resonanzen zu bewirken versteht. – Zauberhafte Essenz; zumal in seiner Vintageversion. *[Vermarktung: L'Oréal]*

*** Basic Homme Eau Tonic** Vichy (o. A., 1982): Zitrisch-frischer, unaufdringlicher Alltagsduft, dessen Produktion leider viel zu früh wieder eingestellt wurde. Der heute in Apotheken erhältliche Nachfolger, der unter demselben Namen firmiert, besitzt leider nicht mehr die schlichte Schönheit und den überzeugenden Charakter des Originals aus den 1980er-Jahren. *[Vermarktung: L'Oréal]*

Mon Homme Galitzine (o. A., 1982): Eine würzig-aromatische, aristokratische Überraschung; ein unbekannter früher Gourmand; sehr vereinzelt ist dieser süße Leckerbissen im 80s-Outfit noch auf Online-Auktionsplattformen zu finden. *[Vergriffen]*

Grès Monsieur Grès (o. A., 1982): Der Herbst kam, und mit *Grès Monsieur* war Mann stets gut gekleidet. Ein ehemals gefragtes Eau de Toilette, das mit seiner krautigen Frische – die Nelkennote mit Zimt! – begeisterte. Wird heute leider nicht mehr produziert und ist zu Unrecht in Vergessenheit geraten. *[Vergriffen]*

Drakkar Noir Guy Laroche (Pierre Wargnye, 1982): Ein aromatisches Fougère, das einmal zum Mythos geworden ist, heute allerdings eher ein dunkles Schattendasein fristet. Die Komposition ließe eher funktionale Kosmetik vermuten (Deo, Seife u. a.), und doch hat sie Duftkonventionen (mit-)geprägt. Die seifig-würzige Pflegefrische bleibt in ihrer Gefallsucht vordergründig, wenig inspiriert, beliebig. – *Drakkar Noir* ist in den 1980ern trotz Omnipräsenz als Frische-Blaupause auf wundersame Weise spurlos an mir vorbeigegangen und tut dies in der Reformulierung auch heute. *[Vermarktung: L'Oréal Group]*

Gold Man Amouage (Guy Robert, 1983): Balsamisch, floral-orientalisch: Der schwere arabische Klassiker aus dem Oman. An Dekadenz und Intensität kaum zu toppen. Ausdrucksstark. Einmal König und zurück. (Kunden, denen dies gefallen hat, interessieren sich auch für folgende Produkte von Amouage: *Reflection Man* (Lucas Sieuzac; floral-würzig, 2007) und *Interlude Man* (Pierre Negrin; würzig-harzig, 2012)). – Distinktion durch Exklusivität in der Preisgestaltung lässt sich heute freilich toppen. Beispielsweise mit einem »Luxusparfum« von Roja *Great Britain* (Roja Dove, 2015). Kostenpunkt für 100 ml: um die € 1.600. *[www.amouage.com]*

Hascish Men Veejaga (o. A., 1983): Ein würzig-grüner Frischeduft, den ich zunächst voreilig als *allzu einfältig* abgetan hatte, zu wenig ausgereift schien mir seine unnatürliche Wiesenhaftigkeit. Was die Nase reizte, waren flache, grüne Synthetikaromen, süße Botenstoffe eines falschen Frühlings. War die olfaktorische Manifestation zunächst also enttäuschend schlicht, so folgte bald die Überraschung und machte dem Eindruck Platz, dass es sich bei diesem Italiener um ein beständiges, zwar nicht überaus elegantes, aber immerhin durchaus alltagstaugliches herb-würziges Frischepaket mit *In-your-Face*-Wiedererkennungswert handelt. Kaum erkannt, schon war die Produktion eingestellt. (Mit dem namensgebenden Naturprodukt hatte die Dufterfahrung im Übrigen nichts gemein. Wer tatsächlich einen Hauch des schwarzen Afghanen riechen wollte, musste schon zur geheimnisvolleren würzig-ledernen Version *Black Hascish* von Veejaga greifen.) Eine Alternative zu *Hascish Men* ist heute beispielsweise das weiterhin erhältliche seifig-grüne *Eau de Berlin* von Parfum Individual – Harry Lehmann, ein klassisch-korrektes Fougère mit sympathischer Patina. *[Hascish Men ist nicht mehr erhältlich.]*

Armani Eau pour Homme Armani (Roger Pellegrino, 1984): Ein Cologne wie die Sommerfrische an der Adria in den 1980er-Jahren, ein duftender Meilenstein; prägnant und gleichzeitig dezent. Zitrisch, frisch bis holzig: ein stilvolles Leichtigkeitsvergnügen, das nachhaltig Laune machte. Die heute erhältliche Reformulierung im Ursprungsflakon hat weniger Tiefe, ist nicht so markant, dennoch aber erkennbar: der vertraute Herrenduft-Klassiker. *[Vermarktung: L'Oréal]*

Tuscany per Uomo Aramis (o. A., 1984): Frisch würzig-kräutrig, zuverlässig elegant. Hieß einst *Etruscan* und ruft seit jeher die vom Namen evozierten italienischen Assoziationen wach. Ausgewogenheit in Harmonie; da drängt keine Note unnötig in den Vordergrund, alles bleibt wundersam miteinander verwoben. Ein stiller, zeitlos-wertiger Sympathieträger, der durchaus auch melancholische Töne anklingen lässt. *[Vermarktung: Estée Lauder Companies]*

Jean-Louis Trintignant pour Homme Jean-Louis Trintignant / Cospac (o. A., 1984): Charmantes Understatement; eine holzig-würzige, unaufdringliche Rarität. »Pour les hommes, qui ne font pas de cinéma, bien dans leur peau, naturels à l'extrême«, hieß es damals produktbegleitend. Für Männer, die kein Drama daraus machen, sich in ihrer Haut gut zu fühlen, gab es neben dem Eau de Toilette eine veritable Jean-Louis-Trintignant-Herrenlinie samt gebrandeter Ledertaschen und Schreibutensilien. – Jahrzehnte später ist der dezente Vergessene zur raren olfaktorischen Hommage an den großen französischen Schauspieler geworden: ein Eau de Toilette, das man heute noch jederzeit auflegen können sollte, um sich *Ein Mann und eine Frau* mit passender warm-würziger Moschusduftspur anzusehen und Banalität, Virtualität und stille Melancholie mit Happy End zu feiern. *[Vergriffen]*

Derby Guerlain (Jean-Paul Guerlain, 1985): Ein aromatisch ausgereifter Klassiker, der einst für Parfumkunst in Perfektion stand, Feinsinnigkeit und frische Würzigkeit kommunizierte und sich über die Jahre in Richtung Farblosigkeit verabschiedet hat. Kommt zwar nicht mit dem Holzhammer, doch mit der Holzverkleidung daher: 2005 wurde *Derby* im fancy holzumrahmten Flakon neu lanciert, zwar nah am Original formuliert und doch weniger komplex, weniger markant. Teuer, aber blass. – Ideal für den eleganten Langweiler. *[Vermarktung: LVMH]*

Green Irish Tweed Creed (Pierre Bourdon, 1986): Gleichsam ein grün-würziger Vorfahre der aquatischen Düfte à la *Cool Water*, das ebenfalls von Pierre Bourdon stammt. Einst olfaktive Avantgarde, heute sauberer Frischekonsens à la »Aktiv«-Duschgel, wenig überraschend oder elaboriert. In seiner synthetisch anmutenden Glätte ziemlich verwechselbar. Das Positive daran: *Green Irish Tweed* ist nicht weiter auffällig. – Sparsam angewandt: Einer für jeden Tag, allemal. (Die Drydown-After-Effects nach 24 Stunden: Was sich unvermutet zeigt, ist ein angenehm herb-seifiger, körpernaher Nachklang; gleichsam die verborgene Schönheit des Allzuvordergründigen.) *[www.creedboutique.com]*

Bel Ami Hermès (Jean-Louis Sieuzac, 1986): Würzig und prägnant; süßlich-warm. Ein eleganter Begleiter, der sich sanft-holzig an die Haut schmiegt. Für Freunde des gepflegten französischen Understatements. Warum aber setzt Hermès im vereinheitlichten Look der Düfte aktuell auf diese billig anmutenden Flakons mit Plastikverschlusskappen? – Olfaktorischer Genuss, haptisch-ästhetische Enttäuschung. *[Erhältlich im standardisierten Hermès-Flakon]*

Obsession for Men Calvin Klein (Bob Slattery, 1986): Ein legendärer Ausflug ins würzige Winterwunderland. Ein Duft, der eine ganze Generation beim Erwachsenwerden begleitet hat. Bleibt für so manchen der einzig relevante im Calvin-Klein-Portfolio. Auch reformuliert gilt es weiterhin, wenn auch nicht mehr so dringlich, auf die richtige Dosierung zu achten. *[Vermarktung: Coty]*

Gucci Nobile Gucci (o. A., 1988): Ein ganz spezieller, wunderbar harmonischer Fougère aus den späten 1980er-Jahren. Ein klassisch-eleganter Herrenduft; vornehm, zurückhaltend. Eine edle Rarität, deren Produktion aus unerfindlichen Gründen 2003 eingestellt wurde und im Gucci-Portfolio eine deutliche Lücke hinterlassen hat. – Vereinzelte Vintage-Exemplare erzielen online hohe Preise. *[Vergriffen]*

Eternity for Men Calvin Klein (Sophia Grojsman, 1988): Synthetisch-frischer Duftpuritaner. Ein Megaerfolg; unauffällig und durchschnittlich; »ganz nett«. – Auch heute noch in jeder Drogeriekette, jedem Duty-free-Shop erhältlich. *[Vermarktung: Coty]*

Fahrenheit Dior (Jean-Louis Sieuzac, 1988): Unverkennbares, lautes Iso-E-Super-Massenphänomen (Iso E Super: ein synthetischer Duftstoff mit dem Mythos von pheromonartigen Eigenschaften) mit prägnanter Sillage, das würzig-feurige Dufthistorie geschrieben hat. Heute reformuliert und um einiges flacher; wenig spektakulär. Kaum mehr wiederzuerkennen. Das einst bekannt berüchtigte *Fahrenheit*-Kielwasser schlägt heute deutlich weniger hohe Duftwellen als einst. *[Vermarktung: LVMH]*

Cool Water Davidoff (Pierre Bourdon, 1988): Sauber, synthetisch-maritim; Mainstream-Aqua-Repräsentant und epochenprägende Frischekonsenslegende. – Wer (er-)kennt ihn nicht, wer will noch mal? *[Vermarktung: Coty]*

Boucheron pour Homme Boucheron (Francis Deleamont, Jean-Pierre Béthouart, Raymond Chaillan, 1989): Zitrisch, krautig-grün. Ein Duft für den reiferen Herrn. Mutet mit seinem süßlichen Bouquet und synthetischem Grün im Fonds zunächst beliebig an, gewinnt in seinem harmonisch-herben Drydown dann aber wieder zeitgenössische Kontur und versöhnt mit der offensichtlich in die Jahre gekommenen Intro-Kakophonie. Als Duftbotschafter aus dem Jahr der Wende erzählt er von einer anderen Zeit und der Idee des Luxuriösen, bleibt dabei allerdings Sonderling zwischen distinktiver Eleganz und billigem Rasierwasser aus alten Tagen. Mitunter vermag es *Boucheron pour Homme* mit seinem Duftverlauf und seiner gediegenen Projektion sogar, ganz eigenen Charme zu entwickeln. – Ersprießliche Retro-Konservativität mit Vorbehalt. *[Vermarktung: PCI – Parfums et Cosmétiques International]*

Samba for Men Perfumer's Workshop (o. A., 1989): Ein aromatischer, immer noch erhältlicher Dauerrestposten der Parfumgeschichte; bescheiden plakativ und breitenwirksam unterschätzt. Einst doch einigermaßen populär, ist *Samba for Men* heute fast gänzlich vergessen. Die kollektivierte Erinnerung an den Duft scheint völlig verpufft. Wer sich allerdings nicht von einem der hässlichsten Flakons der 1980er-Jahre, eine Art stonewashed Poop-Emoji-Skulptur, die direkt aus dem Kinderzimmer von Marty McFly zu kommen scheint, abschrecken lässt, wird auch dieser Tage noch mit überaus günstigem Duftkitzel belohnt. Floral-balsamische Noten kollidieren hier mit einem kräftigen Fougère und katapultieren dich zurück in die Zukunft: eine olfaktorische Zeitreise, freilich noch authentischer in der Vintage-Version. Dem schräg-schrillen Duftsonderling fehlt in seiner aktualisierten Erscheinung aufgrund der fehlenden Eichenmoosbasis dann doch etwas von seinem einstigen Wow-Effekt. *[Vermarktung: Perfumer's Workshop, NY]*

Photo Karl Lagerfeld (o. A., 1990): Ein Duft wie ein schlecht fixierter Print aus Zeiten der Analogfotografie. Heute ist die Erinnerung an ihn fast bis zur Unkenntlichkeit nachgedunkelt. Moment ...! Jetzt macht's »klick«! Die große Sauberkeitsattacke der 1990er-Jahre. Da wabert blumige Würzigkeit, herb-frische Alltagstauglichkeit aus der Dunkelkammer. *Photo* war für viele der Einstieg in die Parfumwelt. – Heute ist der Modemeister tot. *Photo* ist es auch. Und bei Zweiterem ist das »ewige Gedenken« wohl eher unwahrscheinlich. – Vereinzelt noch als Vintage-Version erhältlich. *[Vergriffen]*

Ocean Rain Mario Valentino (Edmond Roudnitska, 1990): Das letzte Werk des großen Parfumeurs ist eine heute nahezu in Vergessenheit geratene aquatisch-grüne Komposition für Mario Valentino, in die sich zarte Töne von Animalität, Roudnitskas prägendem Grundton und Masternarrativ einschreiben. Komplexität in vollendeter Reduktion: Blumig-maritime, klare Frische verwandelt sich sukzessive in ein anschmiegsames, sanft-herbes

Bouquet, das zwischen den Zeiten vermittelt und von der Flüchtigkeit vertrauter Schönheit erzählt. – Erfrischend, kleidsam – und verschollen. *[Leider vergriffen]*

Égoïste Chanel (Jacques Polge, François Demachy, 1990): Ein würzig-warmer Klassiker, der Brücken schlägt und zeitlos zu begeistern versteht. – War mir persönlich mit seiner Charakterstärke und sinnlichen Vielschichtigkeit immer schon näher als das runtergekühlte, metallisch anmutende, allzu glatte *Platinum Égoïste* (1993). *[Vermarktung: Chanel]*

Romeo Gigli per Uomo Romeo Gigli (Alberto Morillas, 1991): Als überbordend vielschichtiger Kräuter-Aladdin hatte dieser Duft durchaus seine Momente, blieb letztlich allerdings doch eher blass. Ein Versprechen von Ruhe und Balance – wer erinnert sich noch an den älteren bärtigen Mann mit nacktem Oberkörper in meditativer Haltung auf dem produktbegleitendem Werbesujet? –, das nie wirklich eingelöst werden konnte. *[Romeo Gigli per Uomo ist heute vergriffen.]*

Platinum Égoïste Chanel (Jacques Polge, 1993): Metallisch-frisch, seifig-verhalten; hochwertig konstruiert und doch ausdrucksarm. – Für die einen Dutzendware ohne Wiedererkennbarkeit, für die anderen der Beweis eines zeitlos eleganten Businessdufts. – »Der geht einfach immer. Er bleibt aber auch immer langweilig«, hat ein Parfumfreund schon vor Jahren ganz richtig festgestellt. *[Vermarktung: Chanel]*

Havana Aramis (Edouard Fléchier, 1994): Warm-würzige, originäre Komposition der Nase, die auch für *Davidoff Eau de Toilette* (1984) verantwortlich zeichnet. Wiederaufgelegt in der »Gentleman's Collection Aramis« (gemeinsam mit u. a. *Aramis 900* (Bernard Chant, 1973), *J.H.L.* (Bernard Chant, 1982) und *Tuscany per Uomo* (1984)). Parfumfreunde stellen mitunter fest, dass die neuen Einheitsflakons, die den einzelnen Klassikern der Serie verordnet wurden, der Qualität der Parfumunikate nicht gerecht werden.

Havana bleibt trotz uninspiriertem Packaging durch Estée Lauder allerdings ansprechend komplex, die Ingredienzen bilden ein unverkennbares und doch unaufdringlich trocken-herbes Duftganzes, das eine olfaktorische Reise nach Klischee-Kuba nahelegt und sich darüber hinaus für unterschiedlichste Interpretationen und Anlässe anbietet. Die Inszenierung von süßlichen Gewürzen, Tabak und vermeintlichen Rumaromen mutet potenziell ein wenig synthetisch an. *[Vermarktung: Estée Lauder Companies]*

Heaven Chopard (Michel Almairac, 1994): Dieser frische Aqua-Botschafter war Teil meiner Ausstattung als Twen, und ich mochte den kitschig-blauen Flakon mit stilisierten Flügeln schon damals nicht. An den Duft, und das kommt tatsächlich eher selten vor, habe ich nicht mehr die leiseste Erinnerung. War er so schlimm, dass ich ihn verdrängt habe? Gab's da nicht diesen *Cool-Water*-aufsüßlich-synthetischer-Tonkabohne-Jasmin-Effekt? Die perfekte (Duft-)Welle mit künstlicher Sauberkeit? – Chopard hat die Produktion eingestellt. Für rare Flakons von *Heaven*, den ersten Duft aus dem Hause Chopard, werden heute online hohe Summen geboten. *[Vergriffen]*

Spezie Lorenzo Villoresi (1994): Villoresi kredenzt Küchengewürze; von Kardamom und Lorbeer, Muskat und Minze bis Kreuzkümmel. Auch Salbei, Rosmarin und Lorbeer finden sich da auf einem Bett aus Tomatenblättern. Herb-trocken und speziell. Nicht einer von diesen überdesignten Aufmerksamkeitsheischern, vielmehr eigenständige, maßgeschneiderte Italo-Kräuter-Couture. Erwähnenswert von Villoresi sind auch der unorthodoxe, frisch-würzige *Piper Nigrum* (1999) oder der pudrig-grüne *Yerbamate* (2001). – *Spice up your life! [www.lorenzovilloresi.it]*

L'Eau d'Issey pour Homme Issey Miyake (Jacques Cavallier-Belletrud, 1994): Zitrisch-frisch. Die Erinnerung daran ist spitzer und synthetischer. (Der Duft war ein potenzieller Kopfwehkandidat.) Heute ausgewogener, ansprechender. In unterschiedlichen Produktdiversifikationen erhältlich; *L'Eau Bleue d'Issey* *pour Homme* (Jacques Cavallier-Belletrud, 2004), *L'Eau d'Issey pour Homme Intense* (Jacques Cavallier-Belletrud, 2007), *L'Eau d'Issey pour Homme Sport* (Jacques Cavallier-Belletrud, 2012), *L'Eau Majeure d'Issey* (Aurélien Guichard, Fabrice Pellegrin, 2017). – Tendenz: charakterlos, synthetisch; wenig überzeugend. *[Vermarktung: Shiseido Group]*

CK One Calvin Klein (Alberto Morillas, Harry Frémont, Thierry Wasser, 1994): Ein Klassiker der 1990er. Mittlerweile einer unter vielen. Coty feiert die Produktableger; Sommerversionen, Limited Edits etc. Die *CK*-Frischlinge werden immer mehr und finden ihre Anhänger, ob jünger oder älter. *[Vermarktung: Coty]*

Pour Homme Dolce & Gabbana (Max Gavarry, 1994): Einstmals eine für Aufsehen sorgende opulente Erscheinung; glanzvolle Perfektion mit Hang zur performativen Penetranz. Frisch-würzig und mit einer Sillage, die Mitte der 1990er den gesamten Life Ball durchwaberte. Heute freilich eine blassblaue Herrenhandschrift; ausgedünnt, schaumgebremst. Einer jener Fälle, in denen die Reformulierung leider ein eher uninspiriertes, unspektakuläres und dezent unnötiges Duftwasser hervorgebracht hat. – *Che disgrazia! [Vermarktung: Shiseido Group]*

Le Mâle Jean Paul Gaultier (Francis Kurkdjian, 1995): Der kitschige Flakon-Torso lädt auch heute noch zu einer Feier des Körperlichen und bleibt doch für immer eine Kopie jenes Unikats von Elsa Schiaparelli aus dem Jahr 1937 (*Shocking!*, Design: Léonore Fini). Der Duft hingegen – mittlerweile einer unter vielen buntfröhlichen Diversifizierungen – überrascht auch heute noch. Von der schwülstigen Schwere, an die ich mich zu erinnern meinte und mit der ich in der Wiederbegegnung gerechnet hatte, keine Spur (mehr). Stattdessen raffinierte, frisch-würzige Andersartigkeit. Ein zeitloser Verführer auf dem Massenmarkt; für manche einfach zu anhaftend, zu oft gerochen und »abgetragen«, für andere weiterhin der Hit unter den (zarteren) »Orientalischen«. – Einer, der bewegt und Freude macht allemal. *I like to move it, move it! [Vermarktung: Puig]*

Acqua di Giò Giorgio Armani (Alberto Morillas, Annick Ménardo, Annie Buzantian, Jacques Cavallier-Belletrud, 1996): Frisch-aquatischer Dauerbrenner im Mainstream-Portfolio von Armani. Einer, der Duftgeschichte geschrieben hat und heute eher allzu vordergründig glatt daherkommt; plakativ, monothematisch. Konsensfrische in perfekter Poliertheit. – Erfrischend langweilig. *[Vermarktung: L'Oréal]*

Déclaration Cartier (Jean-Claude Ellena, 1998): Zitrisch-würzige Synthetik-Etüde des bekannten Parfumeurs. Ein Entwurf auf dem Weg zum körpernahen Minimalismus. Auch in seiner aktuellen Version elegant; schlicht – und etwas diffus. Ohne weitere Überraschungen. *Déclaration* bleibt heute eher unauffällig, im Hintergrund. *[Vermarktung: Cartier]*

Emporio Armani lui / il / he / él / 男 ... Giorgio Armani (Daniela Andrier, 1998): Dezenter Alltagsklassiker und Blaupause für unzählige Drogerieketten-Mainstreamdüfte. Nach *Eau pour homme* (1984) und *Acqua di Giò* (1996) der dritte duftkonventionsprägende Klassiker aus dem Hause Armani. *[Vermarktung: L'Oréal]*

*** Helmut Lang** Helmut Lang (Maurice Roucel, 2000): Ein Meisterwerk, das den frisch-animalischen Minimalismus feiert. – Seit 2014 in der Neuauflage erhältlich. Große Freude! *[Vermarktung: Link Theory Holdings Co., Ltd.]*

L'anarchiste Caron (Richard Fraysse, 2000): Ein süßlich-würziger Polarisierer vom Parfumeur, der auch für Carons *Le 3[e] Homme* verantwortlich zeichnet. Und wie dieser scheint *L'anarchiste* eine Kreation jener Sorte zu sein, die nicht auf Anhieb für Begeisterung sorgt, sich aber allmählich durch ihre Eigenwilligkeit und Unverwechselbarkeit behauptet. Man mag sie, und doch stört etwas an ihr. Der Duft ist Träger wie Vermittler von Ambivalenz; gleichermaßen duftspezifisch marktkonform und olfaktorischer (Konsens-)Verweigerer. Die einen nehmen Minze wahr und grüne, fruchtige Noten, Hölzer und Zimt, die anderen empfinden ihn als stechend, krautig und widerborstig oder denken schlicht an metallisches Blut und Glühwein.

Bei der wiederholten Begegnung mit dem Anarchisten sieht die Sache freilich wieder anders aus. Eigenwillig. *[Vermarktung: Cattleya Finance]*

*** Cuiron** Helmut Lang (Françoise Caron, 2002): Gediegen und unaufdringlich: Ein Cologne, das in sinnlicher Reduktion schwelgen lässt. Wurde wie auch *Helmut Lang – Eau de Cologne* im Jahr 2014 neu aufgelegt. Ganz zur Freude der Fans hat man scheinbar auf Reformulierungen verzichtet. Oder sie wurden so raffiniert vorgenommen, dass sie kaum wahrnehmbar sind. *[Vermarktung: Link Theory Holdings Co., Ltd.]*

Sun Men Jil Sander (Béatrice Piquet, Alain Astori, 2002): Frisch-sauberer, süß-cremiger Sommerassoziationsauslöser. Eigenständig und bewährt. – Das aktuelle Update mutet synthetischer an als das Original / die Vorgängerversionen. *[Vermarktung: Coty]*

Bigarade Concentrée Editions de Parfums Frédéric Malle (Jean-Claude Ellena, 2002): Ein Soliflore in seiner ganzen komplexbefreiten Schönheit. Konzentriertes Südfruchtaroma. Und sonst gar nichts. Beeindruckend in seinem Minimalismus und seiner transparenten Präsenz. Nicht mit jedem seiner reduzierten Kompositionen hat Jean-Claude Ellena derart Unverwechselbares geschaffen. Die Klarheit, die Unaufgeregtheit und die Befreitheit von allem parfumbranchenimmanenten Blend- und Beiwerk begeistern. – Pur, wie direkt geschält. *[Vermarktung: Estée Lauder Companies]*

Une Rose Editions de Parfums Frédéric Malle (Edouard Fléchier, 2003): Hochqualitativ; poetisch, klar. Eine Komposition, mit der Fléchier (*Davidoff*, 1984; *Montana*, 1989; *Havana*, 1994 u. a.) zur Ruhe gekommen ist. Nach würzigen, opulenten Jahren: ein monothematischer Hightech-Duft, definiert durch überraschende

Tiefe und satte Komplexität in perfekter Balance. Ein Soliflore, in den sich ein Hauch von Erdigkeit und frischem Grün einschreibt. *[Vermarktung: Estée Lauder Companies]*

L'eau d'Hiver Editions de Parfums Frédéric Malle (Jean-Claude Ellena, 2003): Pudrige Iris, stagnierende und zugleich wabernde, stechende Süße. Saubere Überforderung in der Reduktion; weißes Rauschen in der Nase. Als wär's ein funktionaler Duft für ein Wasch- oder Reinigungsmittel; Überdefinition in der Reduktion. Potenzierte Moleküle im Supercollider (zwecks Aufprall und Ausloten von hochfrequenten Duftschwingungen). Ellena setzt meisterliche Reizimpulse; minimal, effektiv. Womit wir es zu tun haben, ist olfaktorische Konzeptkunst, kein Duft für alle Tage. Was potenziell droht, ist Übelkeit. Der Parfumeur spricht in Bezug auf sein Werk von *Poesie der Erinnerung.* Und womöglich haben wir es hier ja mit paradoxen Erinnerungen an nie Erlebtes zu tun. Schafft es *L'eau d'Hiver* doch tatsächlich, ein abstraktes Geheimnis zu kreieren; eine Duftbotschaft zu setzen, die in aller Klarheit präsent ist, nachgerade aufdringlich wird und sich gleichzeitig jedem Bild-Werden und jeder vordergründigen Zuordnung / jeglichem Genre entzieht. Eine Komposition, die wie antidualistisches Riechsalz wirkt, das immer wieder zur Hand genommen werden will und muss, wenn die olfaktive Gesättigtheit des Gegenständlichen, des Gewöhnlichen und der Konvention unangenehme Zweifel und heftigen Schwindel bewirkt. Die aufdringliche Unaufdringlichkeit von *L'eau d'Hiver* ist so noch nicht dagewesen, sie ist ein essenzieller Bestandteil der *Bibliotheca Olfactoria Mundi* und stammt noch aus den Anfangstagen der Editions de Parfums. Mittlerweile hat Frédéric Malle, als Parfumverleger die Gallionsfigur von Nische, Autorenschaft und Unabhängigkeit an Estée Lauder verkauft. *[Vermarktung: Estée Lauder Companies]*

Bois d'Encens Armani Privé (Michel Almairac, 2004): Weihrauch in der Reduktion (ergänzt um Vetiver, Pfeffer und Zedernholz). Riecht man am Flakon: pure Faszination. Balsamisch-harzige Würzigkeit und vielversprechende Qualität; monothematisch, mystisch. Giorgio Armanis persönlicher Lieblingsduft, so heißt es. (»Er trägt ihn jeden Tag.«) – Ein edler Minimalist für Alltag und Zeremonie allemal; zart, zurückhaltend und enigmatisch. *[Vermarktung: L'Oréal]*

Cerruti 1881 pour Homme Nino Cerruti (Martin Gras, 2005): frisch-grün, würzig, wie ein alter, erprobter und nicht weiter auffälliger Klassiker aus dem letzten Jahrtausend. Auch in der aktuellen Adaption: zurückhaltend, vielfältig anwendbar. Einer, der sich rasch anpasst, zu jedem Anlass einen guten Eindruck und sich nicht mit allzu vordergründiger Synthetikanmutung unbeliebt macht, im Duftverlauf allerdings in der stagnierenden Behauptung von Frische zunehmend nervt. (Martin Gras hat 1987 das süß-würzige *Lapidus pour Homme,* den Nachfolger von *TED* komponiert; eine großartiges wie leider auch unerträgliches / nicht zu tragendes Werk.) *[Vermarktung: Coty]*

Molecule 01 Escentric Molecules (Geza Schön, 2006): Metallisch-holzige Konzeptkunstessenz mit Reaktionsgarantie. Besteht aus einem einzigen synthetischen Duftmolekül (Iso E Super), das als Zedernholzriechstoff üblicherweise in Parfums gerne als *Carrier* verwendet wird und für (preisgünstige) Haftung und Strahlkraft sorgt. *Molecule 01* changiert zwischen Duft und Geruch und spielt facettenreich mit der feinstofflichen Wahrnehmung. Ein Hauch von Nichts und faszinierend komplex; unauffällig auffällig. Ein Frische suggerierender Riechstoff, der überraschende Verbindungen eingeht, mal dezent präsent, mal mit faszinierend-sinnlichen Projektionen. Ideal auch zum Layern mit anderen Parfums. Überrascht die Nasen (der anderen) immer wieder aufs Neue; zwischen Hautwahrnehmung und Aura liegt das Mehr. *[Vermarktung: Escentric Molecules]*

Terre d'Hermès Hermès (Jean-Claude Ellena, 2006): Ein Duft braucht zehn Jahre, um zum Klassiker werden zu können, stellte Jean-Claude Ellena einmal fest. Mit *Terre d'Hermès* ist ihm die Verankerung im kollektivierten olfaktiven Bewusstsein gelungen. Einer für alle. Männer, quer durch die Altersgruppen und Bevölkerungsschichten tragen diesen frisch-herben Archetyp, vom Klempner bis zum CEO, vom Künstler bis zum Politikberater. Seit 2018 auch in einem freshen Re-Edit der neuen Hermès-Hausparfumeurin Christine Nagel erhältlich: *Terre d'Hermès Intense Vétiver* – eine gelungene Möglichkeit, die es naturgemäß schwer hat im übermächtigen Schatten des duftkonventionprägenden Originals. *[www.hermes.com]*

* **Duro** Nasomatto (Alessandro Gualtieri, 2007): Außergewöhnlich, facettenreich und nicht zu fassen; eine sinnlich-würzige, trocken-rauchige Komposition, die herausfordert und sich gewohnten Beschreibungen entzieht. Die einen nennen sie »mysteriös«, die anderen »monströs«. Und selbst bekannte Parfumkritiker verschmähen diese Duftkreation bisweilen. – Die »verrückte Nase« verzaubert mit gestandenem Odeur samt anzüglichem Spritz. *[www.nasomatto.com]*

Oud Wood Tom Ford (Richard Herpin, 2007): Oud, wohin man auf dem Parfummarkt auch blickt. Hier haben wir es mit der Inszenierung von orientalischer Klasse nach französisch-amerikanischen Vorstellungen zu tun. Das Resultat: eine harmonisch-balsamische Adlerholzkomposition; dezent, präsent. Bei diesem markanten und doch zurückhaltenden, eleganten Eau de Parfum kann man(n) nicht viel falsch machen. *[Vermarktung: Estée Lauder Companies]*

For Men Tom Ford (Yves Cassar, Pascal Gaurin, 2007): Unkompliziert und wenig komplex. Einer, der nicht vorgibt, mehr zu sein, als er ist, und sich dabei doch noch einen klassischen Anstrich gibt. Würzig-holzige, alltagstaugliche Unauffälligkeit; ein angenehmer Wohlfühlduft. *[Vermarktung: Estée Lauder Companies]*

Infusion d'Homme Prada (Daniela Andrier, 2008): Synthetisch-frisch, pudrig-sauber; ganz passabel aufpoliert und doch irgendwie unpersönlich glatt. Nervt nach einiger Zeit in seiner künstlichen Erstarrung und molekularen Festgefahrenheit, seinem Mini-Range der Entfaltung. Ein potenzieller Kandidat zur Verwendung als dekadentes Ambient-Spray für die Gästetoilette im Chalet in den Alpen. *[Vermarktung: Puig]*

*** Acqua di Borotalco** Borotalco (o. A., 2008): Als Deo-Body-Spray / parfümierter Deodorant-Körperspray deklariert, im Kontext von Parfum kaum bis gar nicht wahrgenommen, ist dieser zart-seifige, extrem weiche Duft ein Unikum. Eine derartige aromatische, dezent präsente Pudrigkeit – zumal in flüssiger Form – ist rar. Rar ist auch das Produkt selbst, vor allem im deutschsprachigen Raum. Wenig bekannt, umso überzeugender in seiner feinen Unwiderstehlichkeit: ein (noch) zu entdeckender olfaktorischer Schatz. Eine Empfehlung, die nach frühkindlicher Geborgenheit duftet und unaufdringlich durch den Tag begleitet. Ein magischer Talkum-Sprung in die Zeit der vorsprachlichen Kommunikation. – So gar nicht für den A****. *[Zu finden im italienischen Fachhandel oder / und bei Onlineanbietern]*

1 Million Paco Rabanne (Christophe Raynaud, Olivier Pescheux, Michel Girard, 2008): 1 süßer Bestseller, der raffiniert seinen eigenen Erfolg zu karikieren scheint; Verpackung (der stilisierte Plastikgoldbarren) und Duft (ordentlich Mainstream-Frische-Power) strotzen vor billigen Klischees und erfüllen gleichzeitig die Sehnsüchte des juvenilen Zielgruppenmarktes. *1 Million* ist gefällig, durchschnittlich – und künstlicher Kult. Als Duft bleibt er unauffällige Parfum-Konsensware, die zur Konvention geworden ist. Die *1-Million*-Reihe wächst kontinuierlich, die Flankers und Limited Editions werden mehr. (U. a. *1 Million Absolutely Gold,* 2012; *1 Million Intense,* 2013; *1 Million $,* 2014; *1 Million Privé,* 2016; *1 Million Monopoly,* 2017; *1 Million Lucky,* 2018; *1 Million x Pac-Man Collector Edition,* 2019.) *[Vermarktung: Puig]*

Grey Vetiver Tom Ford (Harry Frémont, 2009): Synthetische Frische; sauber, aalglatt. Ein zitrisch-grüner Puritaner, der auf distanzierte Permanenz ohne raffiniertes Wechselspiel der Aromen setzt. Der herbere, hölzerne titelgebende Aspekt (Vetiver) bleibt jedenfalls hinter dem grauen Schleier des Saubermann-Images gut versteckt – oder schlicht leere Behauptung. – Eher ein Kandidat zur (sparsamen) Nassraumbeduftung. *[Vermarktung: Estée Lauder Companies]*

* **Black Afgano** Nasomatto (Alessandro Gualtieri, 2009): Holzig-würziger Verführer; ungewöhnlich, wundersam. Ein abstrakter Duft, still, warm, mit einem Hauch des Animalischen und Mysteriösen. Gualtieris *Terroni* (Orto Parisi, 2017), sein *Baraonda* (Nasomatto, 2016) und der *Black Afgano*: drei Kompositionen, die auf ihre ganz spezielle Art und Weise zu individuellen Interpretationen einladen. – Enigmatisch. *[www.nasomatto.com]*

Epic Man Amouage (Randa Hammami, 2009): Orientalische Opulenz der Luxusduftmarke aus dem Oman. Einschüchternde Weihrauch-Oud-Gewürz-Maßlosigkeit, angereichert mit animalischen Tönen. Mehr als ein episches Statement: ein olfaktorischer Vorschlaghammer aus purem Gold: »Mit dem erschlägst du alle. Mit dem hast du auch das Selbstbewusstsein, alle zu erschlagen«, meint der auftrainierte Parfumfachverkäufer lapidar. *[www.amouage.com]*

Oud Royal Armani Privé (Evelyn Boulanger, 2010): Ein teures Stück europäisierter Orientalistik, das trotz aller Pracht letztlich doch ziemlich eindimensional bleibt. *[Vermarktung: L'Oréal]*

* **Cologne Royale** Christian Dior (François Demachy, 2010): Ein zitrisch-klares, elegantes Cologne; zeitlos schön. *[Vermarktung: LVMH]*

* **Flor de Naranjo** Palmaria (o. A, 2014): Liegt es daran, dass ich ihn auf Mallorca, auf einer Finca, umgeben von üppigen Zitrushainen – Orangen-, Zitronen- und Mandarinenbäumen – entdeckt und schätzen gelernt habe? Selten jedenfalls, dass ein Duft, eine derartig saftige Fruchtigkeit und klare Frische verströmt und da-

bei keine Spur von Synthetik vermuten lässt. – Ein Geheimtipp und heute schon ein stiller Klassiker. *[www.palmaria-mallorca.com]*

*** L'animal sauvage** Marlou (o. A., 2016): Ein großartiger Parfum-Polarisierer aus Paris. Zart-süß und animalisch geil: olfaktorisch ebenso herausfordernd wie betörend. Ein Duft der wundersamen Narrationen, die von sinnlichen Vorlieben und Abneigungen erzählen, auf die einzulassen allerdings ganz klar nicht jedermanns/-fraus Sache ist. – Empfehlung! – Und wer wirklich eine geruchsspezifische Herausforderung sucht, sollte seine Nase mal einer homöopathischen Dosis der unerreichten Extrem-Animalität von *50 ml d'Ambiguité* (Marlou, 2017) aussetzen; ein olfaktorischer Affront, der einzigartig ist. – »Versaut, pervers«, sagen die einen, die anderen nicken zustimmend und fügen an: »In der richtigen Stimmung leider sehr geil.« – Tropfen für Tropfen: pure Lüsternheit, die von der zarten Andeutung von Blumennoten direkt in die mehrdeutige Illustration knalliger Körperlichkeit und Triebhaftigkeit übergeht und verdrängte Intimität/Fantasien unmittelbar hochleben lässt. Schweiß-, Urin- und Darkroom-Assoziationen, die sinnlich herausfordern, mitunter auch überfordern: *50 ml d'Ambiguité* ist imstande, einen Raum mit seinen Perversionsprojektionen nachhaltig zu definieren; Naserümpfen und Fluchtimpulse inklusive. Schwere Empfehlung, freilich mit Vorbehalt. Ideal auch zum Layern von Düften, zum Aufpeppen von frisch-faden Mainstream-Colognes, denen es an tiefen, *geilen* Bässen und einer Portion ordentlichen Sexappeals fehlt. *[marlou.paris]*

[untitled] Maison Martin Margiela (Daniela Andrier, 2010): Synthetisch-grün: Die freche Bifurkation zu Andriers' *Infusion d'homme* (2008). Ungewöhnlich, zunächst faszinierend durch seine Andersartigkeit und nachgerade aseptisch anmutenden Aspekte, und dann doch relativ rasch sättigend. Das plastifzierte Grün, das sich weich zwar und doch stechend über die Hautoberfläche legt, wird aufgrund der Stagnation bei gleichbleibender Präsenz von vordergründig-süßlicher Künstlichkeit bisweilen zur olfaktiven Herausforderung. Aufdringliche »Sauberkeit«, Verlässlichkeit für viele Stunden. – Geeignet für Liebhaber umwerfender Düfte. *[Vermarktung: L'Oréal]*

Santal majuscule Serge Lutens (2012): Überraschende Andersartigkeit in Vollendung. Eine herb-würzige Sandelholz-Inszenierung mit stumpf aseptischem Beiklang und Kakao- und Rosenmomenten; warm und sehr kräftig. Ein ausdrucksstarkes Original, das es richtig – will heißen: dezent – zu dosieren gilt, denn es neigt dazu, aufdringlich zu werden. Die Komposition von *Santal majuscule* ist präsent und doch nicht greifbar. Kein alltäglicher Duft; auch keiner für jeden Tag. Aber ganz gewiss einer, dessen minimalistische und doch eigenartige Schönheit außerordentlich lange haftet, lange nachklingt und immer wieder auf sich aufmerksam macht. Ein enigmatischer Wohlgeruch. – Wie hatte der Verkäufer in der Parfum-Boutique hierzu einmal so schön angemerkt? »Ich mag's, wenn mich ein Duft nachdenken lässt ...« *[Vermarktung: Shiseido Group]*

Essenze – Indonesian Oud Ermenegildo Zegna (Jacques Cavallier-Belletrud, 2012): Oud und Rose: harmonisch ausgewogen; klar. Natürlich anmutend, mit einem Hauch Animalität. Sinnlich, wertig; ein teurer Begleiter. *[Vermarktung: Estée Lauder Companies]*

Cuirs Nomades – Irish Leather Memo Paris (Aliénor Massenet, 2013): Herb-grüne Würzigkeit in Harmonie. Ein Hauch von klaren Ledernoten, die sich in eleganter Zurückhaltung üben. Weich und wunderbar leicht. – Memo: *Kann man sich merken*! Von der Parfumeurin, die u. a. auch für das im selben Jahr erschienene charakterstarke rum-tabakige und wohlig-rauchige *Replica – Jazz Club* (Maison Martin Margiela) verantwortlich zeichnet. *[us.memoparis.com]*

Replica Jazz Club Maison Martin Margiela (Aliénor Massenet, 2013): Würzig-warm. Charmant konstruiert; unkompliziert. Ein gefälliger Begleiter für gewisse Stunden. Gibt sich mit leicht swingenden Noten von Rum-Tabak anschmiegsam, spielt mit der Inszenierung synthetisch evozierter Klischees. *[Vermarktung: L'Oréal]*

Oud John Varvatos (Rodrigo Flores-Roux, 2014): Ein sanfter Oud; Balsam für die Nase; dezent und unaufdringlich in seiner ausgewogenen Würzigkeit. Kein Muss, aber eine Option für Freunde der gepflegt zurückhaltenden Parfümierung. *[Vermarktung: Revlon]*

Cambouis Gaglewski Grasse (Didier Gaglewski, 2014): Flora meets Technikaffinität; oder Parfum trifft auf Autosport. Würzig-hölzernes »Schmieröl«, dem man etwas Zeit geben sollte. Als Duftnoten werden Basilikum, Birke, Wachholder und Zeder angeführt, riechen tut dieses olfaktorische Konzeptkunstwerk auf der Haut – wohlgemerkt nicht nur im Flakon oder aus dem historisierenden metallenen Ölkanisterchen; da knallt es anfangs wie Garage – aber mehr zart-herb, nach Harzen und Hölzern, garniert mit ein wenig Gummiabrieb vom Feinsten. Ganz klar eine Frage der Wohldosiertheit; gilt es doch sorgsam mit der dem Duft eigenen vehement in den Vordergrund drängenden synthetisch-süßen Anmutung umzugehen. Das Aroma der Anhaftung bleibt in jedem Fall eher gewöhnungsbedürftig. Die olfaktorische Übersättigung ist bei diesem eigenwilligen Grenzgänger rasch erreicht. Zu viel, und statt der Freude über Stilisierung und Spiel mit motorisierten Klischees heißt es: Rote Flagge und Abbruch des Rennens wegen widriger (Geruchs-)Umstände. *[www.gaglewski.com]*

Mandarino di Amalfi Tom Ford (Calice Becker, 2014): Ein dezentes Zitrusfrucht-Cologne, frisch-gepflegte Sommerleichtigkeit à la *Acqua di Parma.* Ein Vermittler gelassener Heiterkeit; hochwertig, teuer und unprätentiös. *[Vermarktung: Estée Lauder Companies]*

Pomelo Paradis Atelier Cologne (Ralf Schwieger, 2015): Ein Duft, der mit seiner fruchtigen Frische südliche Sommerassoziationen evoziert; Natur pur, so scheint es. Und ein Packaging, als handle es sich um ein Nischenprodukt aus kleiner Manufaktur. Freilich: die perfekte Verkleidung. *[Vermarktung: L'Oréal]*

✱ **Oud** Parfum-Individual Harry Lehmann (2015): Süßlich-warm und holzig-weich. Dieser preisgünstige Duft könnte auch ein sündteurer Klassiker aus einem großen französischen Modehaus sein, Markteinführung: Belle Époque. Einer mit Potenzial, dem vielleicht allzu rasch das Etikett »altmodisch« umgehängt wird. Nun, »zeitlos« wäre wohl treffender. *Oud* scheint aus der Zeit gefallen, wie auch der traditionelle Laden der Lehmanns in Berlin, Charlottenburg, in dem sich die Kundschaft die Düfte (Rasierwässer, Eaux de Cologne, Parfums) abfüllen lassen kann. Die neue Kosmetikverordnung machte freilich jahrzehntelang bewährten Formeln den Garaus. – *Oud* ist einfach gut. Und günstig. Und ein Besuch bei Harry Lehmann allemal eine olfaktorische Zeitreise wert. *[www.parfum-individual.de]*

The Big Bad Cedar Atkinsons (2016): Stilvoll, überzeugend. Würziges Holzbouquet, das nichts unnötig verkompliziert. Harmonisch, klar und ansprechend, ohne sich wichtig zu machen oder gar vereinnahmend zu sein. Ein wertbeständiger Charakterduft, eine weniger komplexe, aber doch mögliche Alternative zu *Terre d'Hermès. [Vermarktung: Perfume Holding]*

Freudian Wood Wiener Blut (Mark Buxton, 2016): Wohltemperiertes EdC, sanft-frisch; feinwürzig-harzig. Koniferen-Noten treffen auf warm-weiche Animalität. Es bleibt bei einem angenehm zarten Wechselspiel der Aromen und Assoziationen – und bei Andeutungen: Der Wald lockt, ein Hauch des verdrängten Unbewussten meldet sich. – *Freudian Wood* ist der Frühlings- / Sommerduft von Mark Buxton (Ex-Symrise), und im Herbst / Winter ließe sich dann zum Beispiel sein tiefwürzig-rauchiges Comme de Garçons *2 Man* (2004) auflegen. – Empfehlenswert. *[www.wienerblut.at]*

✱ **Baraonda** Nasomatto (Alessandro Gualtieri, 2016) Whiskywürzige Herbstsehnsucht. Wohltuend, umschmeichelnd. Fruchtigholzig, rauchig und überaus mystisch. – Ein sinnlich olfaktorischer Spaziergang, was heißt: eine wunderbare Reise! – Ein Duft, der es versteht, Geborgenheit zu vermitteln, wenn draußen Grau und Kälte herrschen. »Wer jetzt kein Haus hat, baut sich keines mehr«, schreibt Rilke. – *Baraonda* ist wie ein Zuhause, unterwegs. *[www.nasomatto.com]*

Oud Essentiel Guerlain (Thierry Wasser, 2017): Ein weicher, unaufgeregt eleganter Duft. Eine Oud-Rosen-Interpretation, die nicht weiter (unangenehm) auffällt. Gleichermaßen die kostengünstigere Alternative zu Armani Privé – *Oud Royal* (2010). *[Vermarktung: LVMH]*

Terroni Orto Parisi (Alessandro Gualtieri, 2017): »Terroni«, so würden, hieß es verkaufsbegleitend, die Süditaliener die Norditaliener eher wenig schmeichelhaft nennen. Sehr schmeichelhaft und wohltuend hingegen diese würzige Rauchigkeit samt Erdnoten einer Komposition, die eindeutige Verwandtschaft zu Gualtieris *Black Afgano* (2009) und seinem *Baraonda* (2016) aufweist. – Ebenfalls ein rezeptiver Vetter und eine auf der Hand liegende Empfehlung: das würzig-animalische *Stercus* (Orto Parisi, 2014). – Für all diejenigen, die's noch ein klein wenig erdiger und dreckiger mögen. *[www.ortoparisi.com]*

Nèroli à la Cardamome du Guatemala Chopard (Alberto Morillas, Nathalie Lorson, 2017): Edles, ausgewogenes Eau de Cologne der Luxusklasse. Sommerleichtigkeit und goldenes Zitrusleuchten in einem Flakon mit einem Gewicht von Welt (Studio Pi Design). – Sehr teuer, aber es wirkt. *[Vermarktung: Chopard / PFCH Luxe S.A.]*

Guilty Absolute pour Homme Gucci (Alberto Morillas, 2017): Hochwertig, elegant und doch unangepasst und rätselhaft. Süßlich-würzig und wohldosiert, umschmeichelnd. *Guilty Absolute pour Homme* verströmt holzige Wärme, hat Charakter und tritt auf, als wäre er schon immer hier gewesen. Wir scheinen es hier mit einer Komposition zu tun zu haben, die bereits als Klassiker gekommen ist, um (für immer) zu bleiben. Der gewiefte Tausendsassa Alberto Morillas hält all den Haute-Couture-/Designer-Langweilern seine sensationelle Ledernote unter die Nase, die ihresgleichen sucht. Ein Duft, der komplexe Offenheit suggeriert, Bild- und Erinnerungswelten nahelegt, schwere Töne mit leichter Sauberkeit, nachgerade medizinischen Noten (Spitalsdesinfektion) verlangsamt. Eine Komposition, die eigenwillig neue Kapitel in der Duftwahrnehmung aufschlägt; voller Verweise und Referenzen und doch ganz eigenständig. *Guilty Absolute pour Homme* lässt Vertrautes und (noch) unbenennbare Ahnungen anklingen, legt den Wunsch nach immer neuen, endlos weiteren Begegnungen nahe. – Wie ein alter Freund. *[Vermarktung: Coty]*

*** Io Non Ho Mani Che Mi Accarezzino Il Volto** Unum (Filippo Sorcinelli, 2017): Würzig-harzig, aseptisch; Konzeptkunst vom Feinsten. »Ich habe keine Hände, die mein Gesicht streicheln.« – Und ich habe keine Worte, um dieses grenzenüberwindende Duftereignis voller dunkler Geheimnisse zu beschreiben. Unheimlich, anziehend. – Ein mythisches Geschenk. *[www.filipposorcinelli.com/unum]*

Tabac Man Fire Power Mäurer & Wirtz (o. A., 2017): Schnäppchen-Drogerieketten-Würzigkeit mit selten abschreckendem Namen. *TMFP*: gleichsam eine zeitgenössisch-juvenile Interpretation des Klassikers *Tabac;* süßer, kräftiger, »feuriger«. Nach einer Zeit der beharrlichen Anhaftung von geballter Synthetikkraft gelinde nervend. – Solide und platt, allzu vordergründig: Die direkte Nummer für Freunde der olfaktorischen Banalität. *[Vermarktung: Mäurer & Wirtz]*

Nouveau Monde Louis Vuitton (Jacques Cavallier Belletrud, 2018): Frisch, anders; aromatisch-medizinisch, feinwürzig; klar und elegant. – Eine Kreation, der die Aufmerksamkeit zukommt, die den anderen aus der Belletrud-Vuitton-Linie nicht gleich im ersten Moment zufällt. Eine Komposition, die positiv heraussticht aus der Inszenierung schlichter Gediegenheit. Manche riechen die Oud-Kakao-Kombination in der Perfektion, andere vernehmen mehr die trockenen Lederaspekte und sanften animalischen Begleittöne. Auch bei Vuitton setzt man übrigens, was die Flakons betrifft – wie etwa auch bei Hermès oder Dior –, auf ein einheitliches, glasklares Erscheinungsbild sowie auf unterschiedliche Färbungen der Parfum-Flüssigkeiten. In die hochwertigen, von klassischen Apothekengläsern mit geschliffenen Verschlüssen inspirierten Gefäße sind die Sprühköpfe in den Kunststoff-»Korken« eingelassen. (Flakon-Design: Mark Newson). Ein haptisches Erlebnis: der sanft-gleitende, perfekt gemachte Magnetverschluss. *[Vermarktung: LVMH]*

Signature Red Dragon Replay (Mathilde Bijaoui, 2018): Frisch-würzige Überraschung von der Parfumeurin, die u. a. *Hommage à l'Homme* (Lalique, 2011, gemeinsam mit Christine Nagel) oder *Eau de Cèdre* (Armani, 2015) kreiert hat. Beim Quertesten in einer Filiale einer großen Drogeriekette zufällig darauf aufmerksam geworden und einen (olf)aktiven Italo-Jeans-Boy-Duft entdeckt, der trotz Marktpräsenz unterm Radar von Parfumaficionados zu rangieren scheint. Rosa Pfeffer und Kardamom als Kopfnote, Geranie und Tee als Herz und als Basis: Vetiver und Noten eines Baumes aus der Familie der Magnoliengewächse, so heißt es als produktbegleitende Dekodierungsmaßnahme. Mag sein. Und auch wenn's bloß Behauptung ist: Dem (pubertierenden) Käufer wird's wohl egal sein. In jedem Fall ein solides Synthetikbouquet, das sich – vor allem im Drydown – allzu direkten Duftzuschreibungen entzieht und mit seiner herb-trockenen, ausgebremst anmutenden künstlichen Floralästhetik noch stundenlang Körperausdünstungen zu maskieren versteht. – Erhältlich ab € 20. Neue Jeans der Marke sind deutlich teurer. *[Vermarktung: Mavive]*

Orage Louis Vuitton (Jacques Cavallier Belletrud, 2018): Hochwertigste Sauberkeit ohne große Überraschungseffekte. Ein pudrigeres *Eau d'Orange Verte* (Hermès, 1979), dessen Schönheit auf

Nummer sicher inszeniert ist. Darüber hinaus: keine weiteren (negativen) Auffälligkeiten. Ein Duft, der durch Klasse punkten möchte und dies auf eleganteste Weise auch tut. Ganz allgemein setzt man bei den fünf 2018 bei Vuitton erschienenen Herrendüften auf klassische Duftkonventionen und Minimalismus in Inhalt und Form, hochwertig produziert, freilich mit der Gefahr, allzu deutlich mit dem Mainstream zu kokettieren. Erlesen, am Klassischen orientiert und *unauffällig schön* sind sie alle: *Sur La Route* (zitrisch-frisch), *L'immensité* (würzig-frisch) oder *Au Hasard* (würzig-holzig), komponiert von Jacques Cavallier Belletrud. (Lediglich *Ombre Nomad* bricht mit der stillen Zurückhaltung und setzt auf die Kraft einer süßlich-orientalischen *mise-en-scène.*) Der Preis bleibt in jedem Fall klarer Marker des Exklusiven, deutlichstes Distinktionsmerkmal. Allesamt präsentieren sich die Vuitton-Herrendüfte in unaufdringlichster Perfektion, über deren blendende Schönheit sich lediglich der zarte Schatten des ästhetischen Ennuis abzuzeichnen droht. – Sauber, sauber. *[Vermarktung: LVMH]*

* **Strawanza** Wiener Schurken (Roman & Karin Pustina, 2019): Kühl-herbes Barbershop-Duftwasser mit Pep. Basierend auf einer traditionellen, in Vergessenheit geratenen Rezeptur aus dem Jahr 1953 haben die Wiener Rasurspezialist*innen Roman und Karin Pustina ein zeitgemäßes Manufakturkleinod geschaffen. Entstanden in Zusammenarbeit mit dem Innsbrucker Kosmetikhersteller R. Neuner (Hersteller des Klassikers *Alt-Innsbruck*), versteht es die Komposition aus Menthol, Pfeffer, Nelke und edlen Hölzern wie Adlerholz (Oud), Zedern- und Kaschmirholz mit ihrem Duftverlauf zu begeistern: von alkoholgesättigter, minziger Frische zu sinnlich-warmer Würzigkeit mit Tonka-Note, die durch den Tag begleitet. Schnörkellos und vertraut klingt im Drydown weniger Verwegenheit als eine Spur Nostalgie an: tröstlich-seifige Oldschool-Reminiszenz. – Ein charmanter Cologne-Geheimtipp, nicht nur für Streuner und Müßiggänger. *[Vermarktung: Hairbase.at]*

**** Essenze – Madras Cardamom** Ermenegildo Zegna (o. A., 2019): Frische Kardamomklarheit in Perfektion; ebenso einmalig schön wie flüchtig. Eine edle Komposition, die trotz ihres Kardamom-Kaffee-Vanille-Auftakts und ihrer Ambrox-Bergamotte-Noten als stolzer Soliflore auftritt und ganz der würzigen Schönheit des Kardamoms verpflichtet ist. – Teuer und wertvoll. *[Vermarktung: Estée Lauder Companies]*

DANKSAGUNG

Ich danke meiner Familie – insbesondere meinem Vater –, meinen Freundinnen, Freunden und allen Aficionados für ihre geteilte Begeisterung.

Mein herzlicher Dank gilt Jeanette Müller, Verena, Margot und Johannes Divjak, Hedwig Kainersdorfer, Elke Kies, Ellen und Michael Ringier, Alexander Ehrmann, Gabriela Rosenzopf, Vincent Pelsöczi, Pascale Kaufmann, Frédéric Haldimann, Sabine Inama, Dogo Brandner, Grischka Voss, Ralph Rother, Walter Pamminger, Ernst G., Nadeshda B., Daniel (Le Parfum), Natscha L. (Douglas), Mister X. (YSL), Arcangelo L. sowie Sarah Legler und Jorghi Poll von der Edition Atelier.

In Erinnerung an Hartmut und seinen tropischen Palmengarten

ANMERKUNGEN

1 Anm.: Im vorliegenden Text wird der Begriff *Duft* (*fragrance*) als Synonym für *Parfum* verwendet, nicht im Sinne der branchenüblichen Bezeichnung hinsichtlich der Verdünnung der Riechstoffanteile. (»›Eau de Solide‹ (EdS) enthält nur einen Anteil von 1 bis 3 % an Parfumölen, während ihr Anteil im ›Eau de Cologne‹ (EdC) 3 bis 5 % und im Eau de Toilette (EdT) 4 bis 8 %, maximal bis 10 % beträgt. Im Eau de Parfum (EdP) liegt der Anteil zwischen 8 und 15 %. Schließlich folgt die als ›Parfum‹ oder ›Extrait‹ bezeichnete Zubereitung mit einem noch höheren Anteil zwischen 15 und 30 %. Zum Vergleich mit diesen Zubereitungen liegt der Anteil von Riechstoffen in parfümierten Produkten wie Waschmitteln, Reinigungsmitteln und Kosmetika zwischen 0,1 und 3 %.« Quelle: Wolfgang Legrum: *Riechstoffe, zwischen Gestank und Duft*, S. 141.)

2 Auf Deutsch erschienen in zwei Bänden: *Der sinnliche Philosoph. Über die Kunst des Genießens*, Frankfurt / Main: Campus, 1992 und: *Philosophie der Ekstase*, Campus, 1993

3 Vgl. https://de.scribd.com/doc/26326224/Training-the-ABC-s-of-Perfumery-Stephen-V-Dowthwaite-PerfumersWorld (Webseite Perfumers World: https://perfumersworld.com)

4 Vgl. Edwards, Michael: *Fragrances of the World*, Michael Edwards & Co, 2019 (1984). Seit 2004 ist die Enzyklopädie auch via Onlinedatabase zugänglich (*www.fragrancesoftheworld.com*).

5 Vgl. *Duftnoten. Alles über Parfüm*, zeit.de/ebooks

6 Vgl. Groom, Nigel: *The New Perfume Handbook*, Springer International, 1997, S. VII

7 Vgl. Roudnitska, Edmond: *Une Vie au Service du Parfum, Thérése Vian*, Paris, 1991, vgl. auch: »Where Are We Going?«, S.P.C Year Book 1969

8 Vgl. Ellena, Jean-Claude: *Parfum. Ein Führer durch die Welt der Düfte*, C.H. Beck, 2012 (2007), S. 102f.

9 Vgl. Garland, Jessie: »Feminine, masculine, grounds for divorce: the social effects of wearing perfume in the 19th century«, 20.3.2015, http://blog.underoverarch.co.nz/2015/03/feminine-masculine-grounds-for-divorce-the-social-effects-of-wearing-perfume-in-the-19th-century/

10 Hatt, Hanns; Dee, Regine: *Niemand riecht so gut wie du. Die geheimen Botschaften der Düfte*, Piper, 2010, S. 20

11 Vgl. Kapitel 30, Vers 30ff.

12 Cheng, François: *Fünf Meditationen über die Schönheit*, C.H. Beck, 2017 (2006), S. 23

13 Vgl. https://boisdejasmin.com/creator/bernard-chant

14 Stoppard, Lou: »Why men should wear women's perfumes and deodorants«, GQ Magazine, 17.01.2018, https://www.gq-magazine.co.uk/gallery/why-men-should-wear-womens-perfume

15 Vgl. https://wissen.schwitzen.com/koerpergeruch/allgemeines/item/653-körpergeruch-wissenswertes.html

16 Lindqvist, Anna: *»Gender Categorization of Perfumes. The Difference between Odour Perception and Commercial Classification«*, Routledge, 2013 pdf: https://www.researchgate.net/publication/263590074_Gender_Categorization_of_Perfumes_The_Difference_between_Odour_Perception_and_Commercial_Classification

17 Vgl. Serge Lutens im Interview mit Rabea Weihser: »Die Weisen aus dem Morgenland brachten Parfum«, *Die Zeit*, 21.12.12, https://www.zeit.de/lebensart/2012-12/serge-lutens-parfum-interview

18 Hatt, Hanns; Dee, Regine: *Niemand riecht so gut wie du. Die geheimen Botschaften der Düfte*, Piper, 2010, S. 58

19 Chandler Burr im Gespräch mit Hannes Stein: »Warum Huren nach Vanille riechen«, *Die Welt*, 22.04.2008, https://www.welt.de/lifestyle/article1926542/Warum-Huren-nach-Vanille-riechen.html

20 Demachy, François (LVMH): »Der Herr der Düfte«, in: *Die Welt*, 16.9.2012, https://www.welt.de/print/wams/lifestyle/article109247775/Der-Herr-der-Duefte.html

21 Zum Begriff der Unschärfe vgl. auch: Divjak, Paul: *Der Geruch der Welt*, 2016, S. 47f. – »Die Unschärfe eines Geruchs, eines Duftes ist seinem Ursprung eigen, so, wie ihm seine Qualität / Intensität eigen ist.« (*Der Geruch der Welt*, S. 48)

22 Cheng, François: *Fünf Meditationen über die Schönheit*, C.H. Beck, 2017 (2006), S. 41

23 Vgl. https://wissen.schwitzen.com/koerpergeruch/allgemeines/item/653-körpergeruch-wissenswertes.html

24 Faure, Paul: *Magie der Düfte. Eine Kulturgeschichte der Wohlgerüche. Von den Pharaonen zu den Römern*, Artemis, 1991, S. 30

25 Zit. in: Robbins, Tom: *The Jitterbug Perfume*

26 Editions de Parfums Frédéric Malle wurde 2015 für einen nicht kolportierten Betrag an Estée Lauder verkauft.

27 Vgl. Jünger, Friedrich Georg: *Heinrich March*, Bd. 2, Klett-Cotta, 1981, S. 160

28 Vgl. https://www.dior.com/de_de/dufte/herrendufte/jules

29 Dunckley, Thomas aka The Candy Perfume Boy: »How Queer is Your Scent?«, 31.7.2017, https://thecandyperfumeboy.com/2017/07/31/how-queer-is-your-scent/

30 McIntyre, Magdalena Petersson: »Culture Unbound. Journal of Current Cultural Research«, Vol. 5, 2013, S. 292

31 Vgl. Morillas, Alberto: »Parfüms sind ein Spiegel unserer Gesellschaft« (im Gespräch mit Siems Luckwaldt), https://www.capital.de/leben/alberto-morillas-parfuems-sind-ein-spiegel-unserer-gesellschaft

32 Vgl. u. a. Turin, Luca und Sanchez, Tania*: Perfumes: The A-Z Guide*, S. 575ff.

33 Mamet, David: *Richtig und falsch*, S. 41

34 Sanchez, Tania in: *Perfumes: The A-Z Guide* S. 29, 31, 32

35 Hughes, Sali: »Beauty: is there really such a thing as a ›masculine‹ scent?«, *The Guardian*, 29.7.2017, https://www.theguardian.com/fashion/2017/jul/29/sali-hughes-on-masculine-scent-eau-de-parfum-toilette

36 »Die wahren Abenteuer sind im Kopf«, hat der österreichische Liedermacher, Konzeptkünstler und Spektakelveranstalter André Heller 1975 gesungen: »Und sind sie nicht im Kopf, dann sind sie nirgendwo ...«

37 Vgl. Jean-Claude Ellena im Gespräch mit Barbara Markert, *Beauty Business*, 13.9.2016, https://www.modepilot.de/2016/09/13/wohin-geht-der-parfummarkt-jean-claude-ellena/

38 Der bekannte Parfumeur Edmond Roudnitska sprach von einem »beau parfum«, einem *schönen Parfum*. (Vgl. Roudnitska, Edmond: *Le parfum)*

39 Vgl. Ellena: *Parfum: Ein Führer durch die Welt der Düfte.* C.H. Beck, 2016 (2007), S. 80

40 Vgl. *Tagesspiegel*, 25.9.2017, https://www.tagesspiegel.de/weltspiegel/sonntag/die-goldene-nase-parfum-produzent-frederic-malle-ueber-die-duefte-seines-lebens/20363966.html

41 Vgl. Wasser, Thierry, *FAZ*, 8.6.2013, http://www.faz.net/aktuell/stil/mode-design/mode/gespraech-mit-einem-parfumeur-ich-habe-auf-den-feldern-kraeuter-gesammelt-12214953.html

42 Vgl. Herman, Barbara: *Scent and Subversion. Decoding a Century of Provocative Perfume*, Lyons Press, 2013

43 Zit. in: Vroon, Piet; van Amerongen, Anton; de Vries, Hans: *Psychologie der Düfte. Wie Gerüche uns beeinflussen und verführen*. Zürich: Kreuz, 1996, S. 24/FN 15

44 Zu Estée Lauder gehören u. a. Editions de Parfums Frédérique Malle, Ermenegildo Zegna, Aramis, Jo Malone, Le Labo, Kilian, Kiton, Bobbi Brown, Clinique, DKNY, Donna Karan, Michael Kors, Origins, Tommy Hilfiger, Tom Ford. Das Parfum-Portfolio von LVMH umfasst u. a. Louis Vuitton, Loewe, Acqua di Parma, Bulgari, Maison Francis Kurkdjian, Dior, Givenchy, Guerlain, Kenzo, Marc Jacobs, Fenti Beauty by Rihanna. Jenes von Puig schließt u. a. Nina Ricci, Carolina Herrera, Paco Rabanne, Jean Paul Gaultier, Dries van Noten, Prada Parfums, Comme de Garçons Parfums, Penhaligon's, L'Artisan Parfumeur, Antonio Banderas, Shakira, United Colours of Benetton, Adolfo Dominguez mit ein. Und Coty hat u. a. folgende Marken im Programm: Burberry, Calvin Klein, Gucci, Chloé, Tiffany & Co., Hugo Boss, Bottega Veneta, Marc Jacobs, Miu Miu, Alexander McQueen, Balenciaga, Joop, Jil Sander, Lacoste, Lancaster, Davidoff, Stella McCartney, Roberto Cavalli, Escada, Adidas, Bruno Banani.

45 Zit. in: Virilio, Paul: *Die Eroberung des Körpers. Vom Übermenschen zum überreizten Menschen*, Fischer, 1996, S. 144

46 Vgl. Corbin, 1988, S. 106, zit. in: Raab, Jürgen: *Die soziale Konstruktion olfaktorischer Wahrnehmung: eine Soziologie des Geruchs*, Univ. Diss., Konstanz, 1998

47 Roudnitska, Edmond: »Le Parfum«, S. 2, vgl. ScentedPages.com, Edmond Roudnitska: *Le Parfum*. Collection: *Que sais-je?*, Presses Universitaires de France – PUF, Paris 1980

48 Cheng, François: *Fünf Meditationen über die Schönheit*, C.H. Beck, 2017 (2006), S. 48

BIBLIOGRAFIE

Aftel, Mandy: *Fragrant: The Secret Life of Scent*, Riverhead Books, 2014

Aspria, Marcello: »Interview about Perfume and Gender«, 3.10.2015, https://boisdejasmin.com/2005/10/perfume_and_gen.html

Bingham, Claire: *A Scented World – die Welt der Düfte. Das Buch über Parfüms der Welt und Parfümerie*, teNeues Media, 2018

Burr, Chandler: in: Stein, Hannes: »Vom Riechen«, *Die Welt*, 17.4.2008, https://www.welt.de/welt_print/article1910108/Vom-Riechen.html

Chandler Burr im Gespräch mit Hannes Stein: »Warum Huren nach Vanille riechen«, *Die Welt*, 22.04.2008, https://www.welt.de/lifestyle/article1926542/Warum-Huren-nach-Vanille-riechen.html

»The Scent of the Nile«, *The New Yorker*, 6.3.2005, https://www.newyorker.com/magazine/2005/03/14/the-scent-of-the-nile

The Emperor of Scent. A Story of Perfume, Obsession and the Last Mystery of the Senses, Arrow, 2004

Perfect Scent. A Year Inside the Perfume Industry in Paris and New York, Picador USA, 2009

Cheng, François: *Fünf Meditationen über die Schönheit*, München: C.H. Beck, 2017 (2006)

Corbin, Alain: *Pesthauch und Blütenduft – Eine Geschichte des Geruchs*. Berlin: Wagenbach, 1984 (1982)

Danz, Franz Johann: *Das Büchlein vom Duft. Eine Odeurologie*, Offenbach/Main: Kumm, 1954

de Cupere, Peter: *Scent in Context: Olfactory Art*, Duffel: stockmans.be, 2016

Demachy, François (LVMH): »Der Herr der Düfte«, in: *Die Welt*, 16.9.2012, https://www.welt.de/print/wams/lifestyle/article109247775/Der-Herr-der-Duefte.html

Diaconu, Mădălina: *Tasten, Riechen, Schmecken: eine Ästhetik der anästhesierten Sinne*, Würzburg: Königshausen & Neumann, 2005

Divjak, Paul: *Der Geruch der Welt*, Edition Atelier, 2016

Dove, Roja: *The Essence of Perfume*, Black Dog Publishing, 2014

Dowthwaite, Stephen V.: »Training the ABC's of Perfumery«, *Perfumer & Flavorist*, Allured Publications, USA 1999, https://de.scribd.com/doc/26327028/Training-the-ABC-s-of-Perfumery-by-Stephen-V-Dowthwaite-PerfumersWorld

»Using the Brain (Not the Nose) to Smell«, *Perfumer & Flavorist*, Vol. 34, Dezember 2009, S. 43–47, http://perfumerflavorist.texterity.com/perfumerflavorist/200912?pg=44#pg44

»Making Sense (and Scents) of Aroma Chemical Names«, *Perfumer & Flavorist*, Vol. 35, Juni 2010, S. 42–49, http://perfumerflavorist.texterity.com/perfumerflavorist/201006?pg=45#pg45

»What is Perfume?«, *Perfumer & Flavorist,* Vol. 35, Juli 2010, S. 30f., http://perfumerflavorist.texterity.com/perfumerflavorist/201007?pg=32#pg32

Dunckley, Thomas aka The Candy Perfume Boy: »How Queer is Your Scent?«, 31.7.2017, https://thecandyperfumeboy.com/2017/07/31/how-queer-is-your-scent/

Edwards, Michael: *Perfume Legends: French Feminine Fragrances,* Michael Edwards & Co, 2019 (1996) und ders.: *Fragrances of the World,* Michael Edwards & Co, 2019 (33 Edition)

Ellena, Jean-Claude: *Parfum: Ein Führer durch die Welt der Düfte,* München: C. H. Beck, 2016 (2007)

Der geträumte Duft. Aus dem Leben eines Parfümeurs, Berlin: Insel, 2012 (2011)

»Parfüms heute: Zu viel Marketing, zu wenig Virtuosität«, Jean-Claude Ellena im Gespräch mit Barbara Markert, *Beauty Business*, 13.9.2016, https://www.modepilot.de/2016/09/13/wohin-geht-der-parfummarkt-jean-claude-ellena/

Faure, Paul: *Magie der Düfte. Eine Kulturgeschichte der Wohlgerüche. Von den Pharaonen zu den Römern.* München / Zürich: Artemis, 1991 (*Parfums et aromates de L'Antique*, Librairie Arthème Fayard, Paris, 1987)

Garland, Jessica: »Feminine, masculine, grounds for divorce: the social effects of wearing perfume in the 19th century«, 20.3.2015, http://blog.underoverarch.co.nz/2015/03/feminine-masculine-grounds-for-divorce-the-social-effects-of-wearing-perfume-in-the-19th-century/

Groom, Nigel: *The New Perfume Handbook,* Springer, 2011 (1992)

Von Chanel N°5 bis Tresor, München: Taschen, 2000

Parfums: Le guide de reference des senteurs les plus raffinées du monde, Editions soline: 2000

Frankincense and Myrrh: A Study of the Arabian Incense Trade, Longman ELT, 1981

Hegmann, Heike Jeanette: *Parfums – Kostbarkeiten für die Sinne: Wie Düfte unsere Sehnsüchte stillen*, Aurum, 2015

Herman, Barbara: *Scent and Subversion: Decoding A Century of Provocative Perfume*, Lyons Press, 2013

Hughes, Sali: »Beauty: is there really such a thing as a ›masculine‹ scent?«, *The Guardian*, 29.7.2017, https://www.theguardian.com/fashion/2017/jul/29/sali-hughes-on-masculine-scent-eau-de-parfum-toilette

Le Guérer, Annick: *Die Macht der Gerüche. Eine Philosophie der Nase*, 1992 sowie: dies.: *Pouvoirs de l'odeur*, 2002 und: dies.: *Le parfum. Des origines à nos jours*, Paris: Odile Jacob, 2005

Legrum, Wolfgang: *Riechstoffe, zwischen Gestank und Duft*, Springer, 2015 (2011)

Lindqvist, Anna: »Gender Categorization of Perfumes: The Difference between Odour Perception and Commercial Classification«, Routledge, 2013

Lutens, Serge: »Die Weisen aus dem Morgenland brachten Parfum«, im Interview mit Rabea Weihser, *Die Zeit*, 21.12.12, https://www.zeit.de/lebensart/2012-12/serge-lutens-parfum-interview

Malle, Frederic: »Parfum-Produzent Frédéric Malle über die Düfte seines Lebens«, von Ulf Lippitz, *Tagesspiegel*, 25.9.2017, https://www.tagesspiegel.de/weltspiegel/sonntag/die-goldene-nase-parfum-produzent-frederic-malle-ueber-die-duefte-seines-lebens/20363966.html

Mamet, David: *Richtig und Falsch. Kleines Ketzerbrevier samt Common sense für Schauspieler*, Berlin: Alexander Verlag, 2001

McIntyre, Magdalena Petersson: »Culture Unbound. Journal of Current Cultural Research«, Vol. 5, 2013, S. 292

Molloy, Clara (Hg.), Soyer, Carine (Autorin): *22 Perfumers, a creative process*, Pirate, 2007 (2006)

Morillas, Alberto: »Parfüms sind ein Spiegel unserer Gesellschaft« (im Gespräch mit Siems Luckwaldt), *Capital*, 10.9.2018, https://www.capital.de/leben/alberto-morillas-parfuems-sind-ein-spiegel-unserer-gesellschaft

Morris, Edwin T: Düfte: *Die Kulturgeschichte des Parfums*, Albatros / Patmos, 2006 (1984)

Museum Tinguely, Basel (Hg.): *Belle Haleine – Der Duft der Kunst: Interdisziplinäres Symposium,* Heidelberg: Kehrer, 2016

Müller, Peter M., Lamparsky, Dietmar (Givaudan Research): *Perfumes: Art, Science, and Technology*, Glasgow: Blackie Academic & Professional, 1994 (1991), S. 3–48

Ohloff, Günther: *Irdische Düfte. Himmlische Lust. Eine Kulturgeschichte der Duftstoffe,* Insel: 1996 (1992)

Onfray, Michel: *L'art de jouir. Pour un matérialisme hédoniste*, 1991

Ostrom, Lizzie: *Perfume: A Century of Scents*, New York: Pegasus Books, 2016

Piesse, Septimus; William, George: *The Art of Perfumery*, Lindsay and Blakiston, 1857

Pritzkoleit, Sven: *Duftspuren. Ein (Ver-)Führer für kreative Nasen und Parfumbegeisterte,* Edition SP Parfums Sven Pritzkoleit, 2016

Raab, Jürgen: *Die soziale Konstruktion olfaktorischer Wahrnehmung: eine Soziologie des Geruchs,* Univ. Diss., Konstanz, 1998

Rautenberg, Malou Briand: »40 years of iconic ›playboy‹ ads reveal a lot about masculinity«; Interview mit Sarah Vadé, I-D, Februar 2018, https://i-d.vice.com/en_au/article/j5vagx/40-years-of-iconic-playboy-ads-reveal-a-lot-about-masculinity

Rimmel, Eugène: *Magie der Düfte. Die klassische Geschichte des Parfüms,* Stuttgart: Parkland, 1993 (1865)

Roudnitska, Edmond: *A Life Of Perfume,* Leonard Payne, 2018

»Where Are We Going«, in: *S.P.C Year Book*, 1969

»Concerning the Circumstances Favorable to the Creation of an Original Perfume«, *Perfumer & Flavorist*, Vol. 9, No. 2, 1984, S. 127ff.

Une Vie au Service du Parfum, Paris: Thérése Vian, 1991

Le Parfum. Collection: *Que sais-je?*. Presses Universitaires de France – PUF, Paris 1980

»The Art of Perfumery«: in: Müller, Peter M.; Lamparsky, Dietmar (Givaudan Research): *Perfumes: Art, Science, and Technology*, Glasgow: Blackie Academic & Professional, 1994 (1991), S. 3–48, https://books.google.at/books?id=sNsArAJdfSgC&pg=PA9&hl=de&source=gbs_selected_pages&cad=2#v=onepage&q&f=false

»Le Parfum«, auf: ScentedPages.com

Stoppard, Lou: »Why men should wear women's perfumes and deodorants«, *GQ Magazine*, 17.01.2018, https://www.gq-magazine.co.uk/gallery/why-men-should-wear-womens-perfume

Syme, Rachel: »In Fragrance, Rose Is the New Unisex«, *New York Times*, 31.5.2016, https://www.nytimes.com/2016/06/02/fashion/rose-perfume-stella-mccartney.html

Turin, Luca; Sanchez Tania: *Perfumes. The A-Z Guide,* London: Profile Books, 2009 (2008)

Das kleine Buch der großen Parfums, Dörlemann, 2013

Perfumes. The Guide 2018, Tallinn Eesti: Perfuumista Books, 2018

The Secret of Scent. Adventures in Perfume and the Science of Smell, Ecco, 2007

Virilio, Paul: *Die Eroberung des Körpers. Vom Übermenschen zum überreizten Menschen,* Fischer, 1996

Vroon, Piet; van Amerongen, Anton, de Vries, Hans: *Psychologie der Düfte. Wie Gerüche uns beeinflussen und verführen,* Zürich: Kreuz, 1996

Wasser, Thierry: »Ich habe auf den Feldern Kräuter gesammelt«, im Gespräch mit Julia Schaaf, *FAZ*, 8.6.2013, http://www.faz.net/aktuell/stil/mode-design/mode/gespraech-mit-einem-parfumeur-ich-habe-auf-den-feldern-kraeuter-gesammelt-12214953.html

Weihser, Rabea: *Duftnoten. Alles über Parfüm*, *DIE ZEIT*, zeit.de/ebooks

Parfum-Blogs, -Webseiten, -Archive und -Plattformen (u. a.)

Ça Fleure Bon *https://www.cafleurebon.com/*
Bois De Jasmin *https://boisdejasmin.com*
Now Smell This *https://nstperfume.com*
Persolaise *https://persolaise.com*
What Men Should Smell Like *https://whatmenshouldsmelllike.com*
Raiders of the Lost Scent. A journey into the Realm of Lost Perfumes *http://raidersofthelostscent.blogspot.com*
Parfumo *www.parfumo.de, www.parfumo.net*
Fragrantica *www.fragrantica.de, www.fragrantica.com*
Basenotes *www.basenotes.net*
Fragrances Of The World *www.fragrancesoftheworld.com*
(Professionelle Parfum-Database, Michael Edwards)

INDEX

(Darstellung: *kursiv* – Parfumnamen; fett – wesentliche Beschreibung)

Paul Divjak

DER GERUCH DER WELT

Unser Geruchsvermögen ist der geheimnisvollste aller Sinne. Es erinnert uns unvermittelt an längst Vergessenes und ist sogar imstande, unsere Stimmung zu lenken, von jäher Abscheu zu sinnlicher Verzauberung. Und doch nehmen wir die vielen Gerüche unseres Alltags meist nur unterbewusst wahr, ohne sie benennen zu können.

Der Duftpoet Paul Divjak ruft mit seinem Essay *Der Geruch der Welt* zu einem neuen olfaktorischen Bewusstsein auf. Er trägt Erkenntnisse und Zitate aus jahrhundertelanger Geruchsbetrachtung zusammen und schenkt uns ein raffiniertes literarisches Plädoyer zum verfeinerten Gebrauch unserer Nase.

Essay | 80 Seiten | 15 Euro | ISBN 978-3-903005-16-7

Paul Divjak, geboren 1970, studierte an der Zürcher Hochschule der Künste (ZHdK) und promovierte an der Universität Wien zum Doktor der Philosophie. Er beschäftigt sich mit Phänomenen der Wahrnehmung, kulturellen Zeichensystemen und Fragen der individuellen wie kollektivierten Erinnerung. In der Edition Atelier erschienen zuletzt *Der Geruch der Welt* (2016) und *Vorbereitungen auf die Gegenwart* (2017).

Erste Auflage

www.editionatelier.at
Cover & Buchgestaltung: Jorghi Poll
Druck: Grafički zavod Hrvatske, Zagreb
ISBN 978-3-99065-040-0

Mit freundlicher Unterstützung des Literaturreferats der Stadt Wien, MA7, und der Kunstförderung des Bundeskanzleramtes Österreich.

BUNDESKANZLERAMT ÖSTERREICH
KUNST

Weitere Bücher finden Sie auf der Website des Verlags:
www.editionatelier.at